監修:峰動物病院 沖山峯保　絵:立原圭子

やさしい猫の看取りかた

HOW TO TAKE CARE OF YOUR CAT

角川春樹事務所

はじめに

いまや空前の「猫ブーム」。日本のペットの代表といえば「タロウ」や「コロ」と名づけられた和犬だった時代からはだいぶ状況が変わったようです。でも、この「ブーム」には気を付けなければいけません。

洋服や髪形、車や言葉にいたるまで、「流行」は1、2年ほどで移り変わります。「流行り廃り(はやりすたり)は世の常」とはよく言ったもので、そのサイクルはとても速いものですね。昨今、雑誌やテレビなどでも「今、猫が流行っている」などと聞きますが、これはとても怖い言葉です。断言しますが、動物を飼うことはファッションではありません。動物は命の塊です。だから当然、猫も命です。生まれたら、一般的には10年から20年近くは生き続けるのです。

「流行る(=猫を飼う人が増える)」については理解できるとしても、「廃る」はあってはいけないことなのです。

猫とともに暮らす生活を始めたら、看取るまで別居はあり得ません。つまり、一度家に迎えたら、無責任に捨てることや、途中で勝手に投げ出すことはできません。飼ったことがない、飼い方がわからないのに無理をして飼おうとしていませんか？

また、猫の寿命は、人間の平均寿命と比べてしまえば、わずか4分の1にも満たない期間であることがほとんどです。飼い主さんがどんなに可愛がっても、いつかは必ず「看取り」を体験することになります。相手が生き物である以上、お別れは避けられないことなのです。

想像するだけで哀しいことですが、看取ることも含めて「猫を飼うこと」なのだと忘れないでください。そして、きちんと看取ることで、哀しみに暮れるだけではなく大切な思い出として納得できる。そうすれば次の猫との出会いも素直に受け入れられることも知って欲しいと思います。

やさしい猫の看取りかた 目次

CONTENTS

挿絵：立原圭子
構成企画：加藤摩耶子
装丁・本文デザイン：かがやひろし

CONTENTS

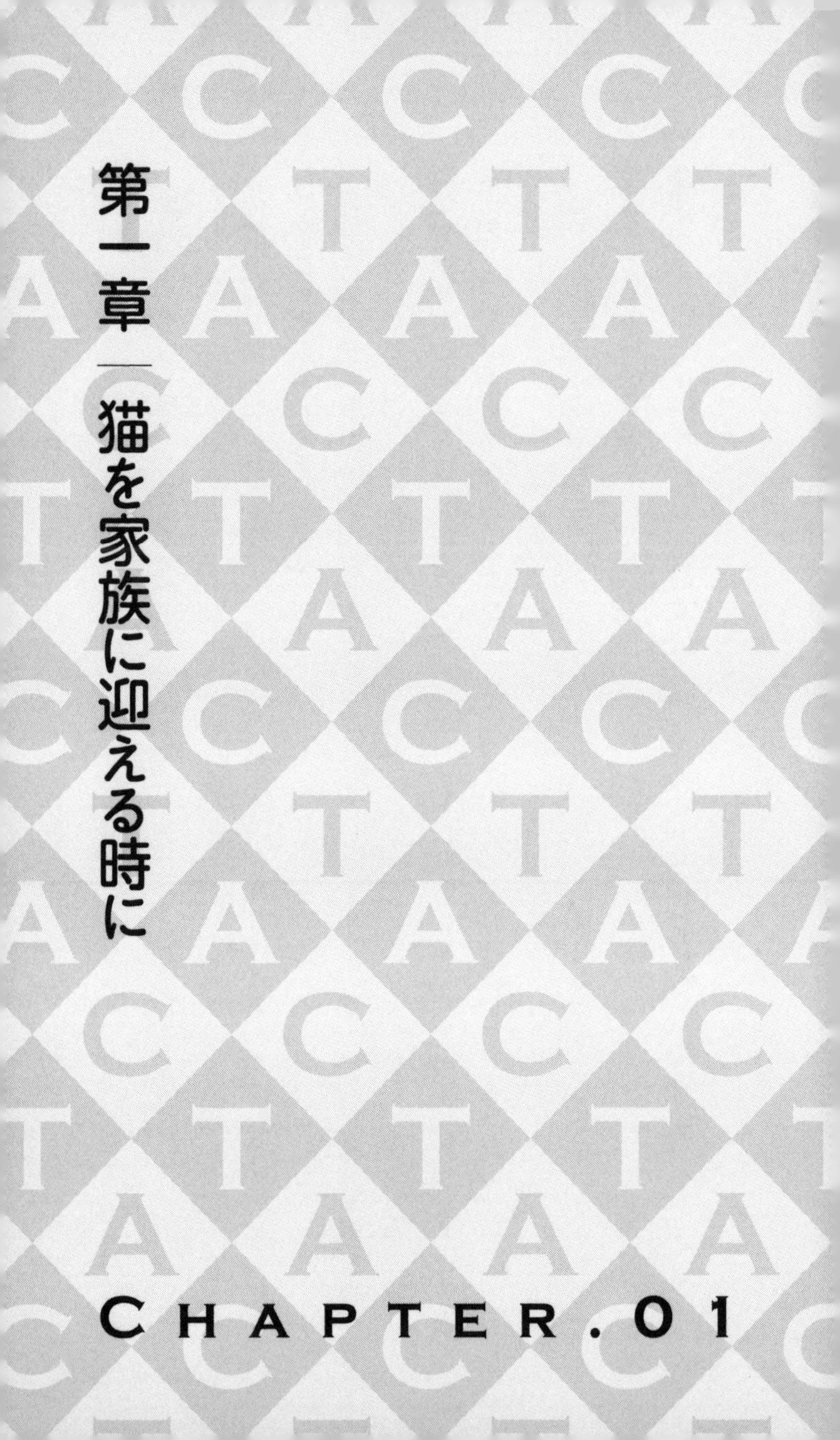

第一章 猫を家族に迎える時に

CHAPTER.01

猫を家に迎える時に大切なこと——準備と心得

何度も猫を飼ったことがある人には当たり前のことになりますが、あらためて、猫の基本的な習性を知っておきましょう。

「習性」は一生失われないものなので、これから挙げるものは、猫と一緒に暮らす間に絶対に起こることです。これが飼い主さんのストレスになってしまうようなら、残念ながら飼うのは無理かもしれません。最期まで一緒に暮らすということは、人間の家族が増えることとほぼ同じです。飼い主さんがイライラして叱ってしまったり、叩いてしまったりすれば、猫もストレスを抱え、却って問題行動を起こしてしまう可能性もあります。

以下の習性を頭の片隅に置いて、無理をせず、お互いが嫌な気持ちにならないような範囲で共生できる環境を整えましょう。

●爪とぎ

当たり前のことですが、猫は爪をとぎます。

カーテンやタオル類をダメにされたり、壁紙を剝がされてしまったり、ソファの端がボロボロになったりは日常茶飯事です。

これは習性ですから、怒っても直りません。むしろ、傷つけられたくない物や大切な物などは、猫の手の届かない所にしまってください。おもちゃにされても許せるものだけ、室内に出しておく生活に切り替えてください。

また、猫の爪は表面が剝離してポロポロと落ちます。定期的な爪切りで先端の伸びた分を切り落とすほかにも、新しい爪にターンオーバーするためにはこの剝離が必要です。怪我（けが）ではありませんので、驚かないでください。また、市販の爪とぎなどを設置しておくと、底の部分に

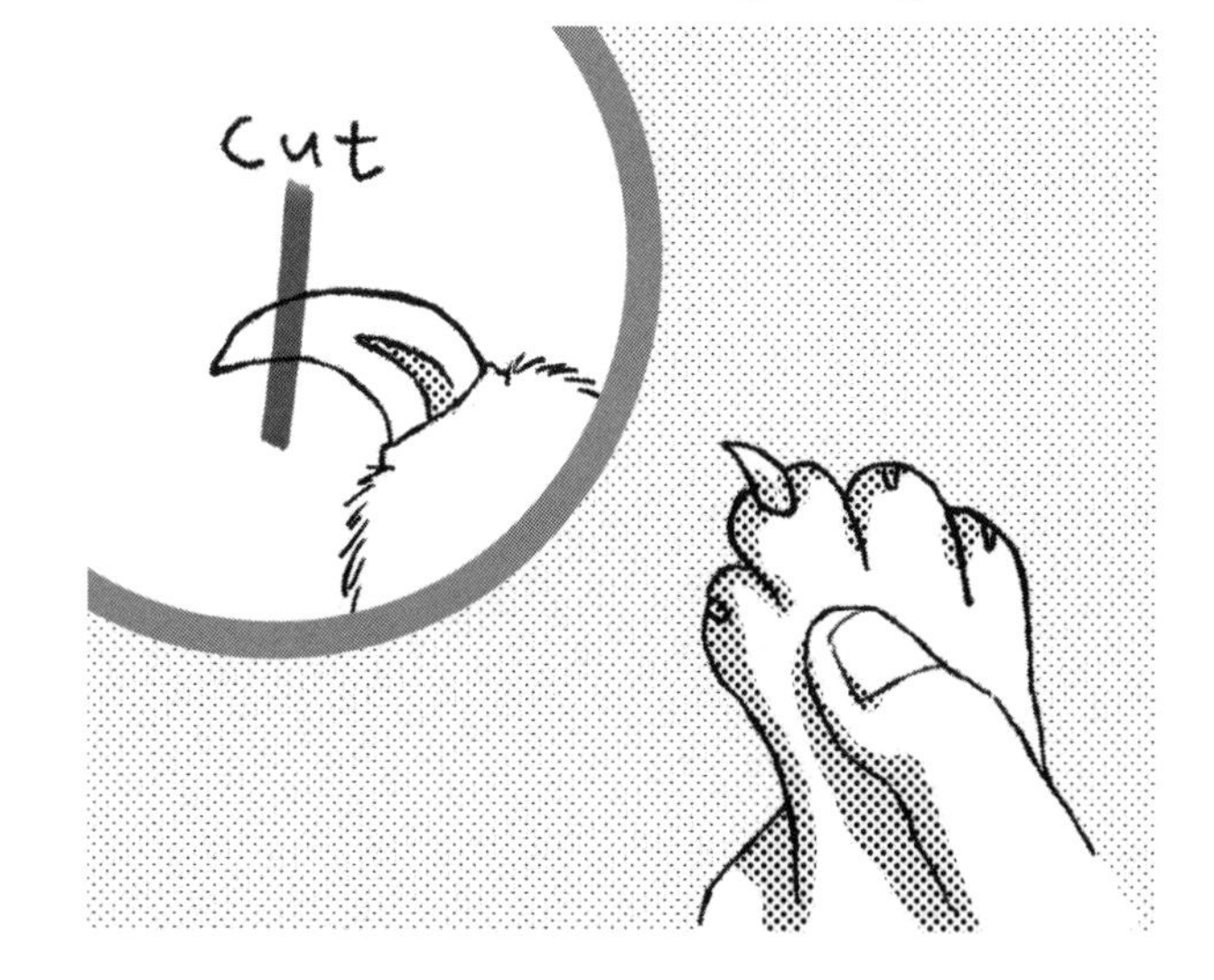

この「さや」が溜まっていることもありますので、定期的に掃除してあげましょう。

●抜け毛

どんな動物でも、毛皮があれば定期的に換毛期を迎えます。種によって程度の多少はありますが、とくに長毛種の猫は抜け毛が多い傾向にあります。大切なお洋服やリネン類に抜け毛が付着したり、毎日お掃除をしていても、部屋の隅に毛が溜まって玉のようになってしまうこともしばしばです。

潔癖症とまではいかなくても、それまでは隅々まで清潔に保ってきた生活空間に、生き物が加わることで、少しの汚れが生じることになります。かといって、猫の側を責めることはで

きません。生物としてのバイオリズムで換毛し体調をキープしているのですから、むしろ換毛期に毛が抜けない方が不自然な状態です。

スプレータイプのシャンプー（グルーミングスプレー）や目の細かいブラシなどを用いて体毛をケアしてあげる習慣を作れば、毛が散らかることも少しコントロールすることができます。

初めは馴染（なじ）めないかもしれませんが、どうしてこんなに汚れるのかとイライラしてしまうより、毛づくろいする姿を見て、「今日も健康だな」とホッとする方が飼い主のメンタルヘルスにも良いように思います。

我慢するのではなく、受け入れること。それが一緒に暮らすうえで一番大切なルールです。

●毛玉吐き

猫はキレイ好きな動物で、飼い主さんが丹念にブラッシングする習慣をつけていても、自分の舌で毛づくろいをします。猫の舌の表面は細かな棘（とげ）状になっていて、抜け毛とともに毛の表面に付着したごく小さなホコリや粒子も体内に入れてしまいます。それを体の外に出すために、飲み込んで胃の中で玉状になった毛を定期的に吐き出すことがあります。そのため、吐くたびに吐しゃ物の始末をしなければなりませんし、毛玉吐きは糞尿のしつけとは勝手が違い、決まった場所でするようにトイレトレーニングをすることもできません。

これは体を清潔にし、胃も健康に保つのに必要な行動なので、止めてはいけません。

また、毛玉吐きの世話は、吐しゃ物に血が混じっていたり、変な物を飲み込んでいないかをチェックする機会でもあります。もし異物や見慣れないものが混じっていた場合は、それを採取したり写真に撮ったりして獣医に見せることで、病気か否かの判断材料を増やせます。体重の変化を日頃から見ておくのも健康管理の意味で大切になってきます。嫌がらず世話をしてあ

げてください。

●マーキング

とくに若いオスに多いですが、新たな住処に迎えられてしばらくは、縄張りを作るためにいたるところでマーキングしてしまう子がいます。先住の猫や、他の動物と一緒に飼う場合はさらにその傾向が強くなってしまうこともあります。犬などの他の動物と一緒に暮らしていると、ちょっかいをかけられた腹いせに、いわゆる「逆噴射」をして、尿をひっかけてしまうこともあります。

これは、トイレトレーニングでしつけていても、本能なので完全になくすことは難しいことです。去勢手術をすれば次第に治まる猫もいますが、多頭飼いの家庭などではライバル心が消えるわけではないので、行動が完全に消えてなくなるとは言い切れません。

また、猫の尿は犬に比べて臭いもキツイです。しばらく放置してしまうと、目に染みるようなアンモニア臭が部屋に充満してしまうことにもなりかねません。「家が猫臭くなる」などと言われる原因は、体臭というよりこの尿の臭いである場合が多いと言えるでしょう。

排尿後のトイレ砂の処理を早めにすること、定期的に砂全体を交換すること、猫トイレ

（箱状の入れもの）自体をまめに洗うことなどでだいぶ緩和されます。

人間社会でも「スメハラ（スメルハラスメント）」などという言葉を最近聞くことがありますが、香りの強い消臭スプレーや芳香剤などは、人間には良くても、嗅覚の鋭い猫たちには刺激が強すぎる場合もあります。臭いは誤魔化すのではなく、元を断つ生活習慣を作る方が効果的です。

また、年老いてくるとマーキング行動は見られなくなっても、失禁の癖が出てくる場合があります。失禁は、老化だけでなく、尿路系の疾患やホルモン異常、認知障害などの兆候の場合もありますので、注意してください。

●高いところが好き

猫科の動物は高いところを好む習性があります。小さい頃には木や本棚、カーテンレールの上まで登ってしまい降りられなくなってしまう、などといった可愛らしいハプニングに見舞われることもあるでしょう。体が充実してくる頃には、キャットタワーやペット用のキャットウォークなど、遊び場兼居場所を用意するのも良いでしょう。

しかし高齢になると、筋肉や骨、爪も衰えますので、落下や転倒など怪我の元になってしまう場合があります。人間と同じく、老猫が脚を痛めたことで、その後歩行困難になってしまう場合がありますし、動けなくなった動物は老化

が加速してしまうこともあります。

飼い猫が高齢になったり、日々の行動に老化を感じたりしたら、そうした遊具は撤去してあげてください。

猫は一生同じ環境で飼い続けられるわけではないことを知っておきましょう。

●背中をよじ登ったり、突然走り回ったり

同じように、猫にとっては人間の背丈でさえ「高いところ」です。ちょっと床に落ちた物を拾おうとして体を屈めた瞬間に背中に飛び乗られたり、料理中に肩によじ登られたりします。そのままずり落ちて、背中を爪で傷つけられることもあります。

また、小さな虫や風で揺れるひもなどを見た

とき、からだをムズムズと縮めてから猛ダッシュすることがあります。人の洋服の裾の飾りなども標的になります。いきなり突っ込んでこられたらびっくりすることもあるでしょう。

じゃれているのとは違いますが、排便後にトイレから猛ダッシュで飛び出してくる猫はとても多いようです。しかし不思議と排尿時にはは行いません。

これらの行動は、猫には決して悪気はありませんし、習性のため叱られても直すことはできません。飼い主さんの側が猫の習性を理解してあげる努力を少しすることで、イライラしないように心掛けましょう。

コラム

猫の嫌いな臭いと嗅覚

猫の嗅覚は、一説には人間の1万倍から数十万倍とも言われています。しかし、あるにおいを1万倍濃く感じるという意味ではなく、においの物質をそれだけ多く感知できる、という意味です。ですから、トイレのアンモニア臭を人以上につらく感じている、ということはないようです。とはいえ猫は比較的キレイ好きな動物なので、前述の猫のトイレについても、防臭のために排泄物をキャッチして固まった猫砂をこまめに捨てることと、砂全体を頻繁に入れ替えることは大切です。生き物と一緒に暮らしている以上、完全に臭いの元を断つのは難しいですが、病気の予防にもつながります。

ちなみに、猫トイレの清掃頻度については、排せつのたびに片づけるほか、多い時は2週間に1回、少なくとも月に1回程度、トイレの容器を洗って天日干しすることも効果的です。

猫は柑橘類やラベンダーの香りが嫌いで、「猫の飼い方本」のなかには上記のにおいの成分が猫には有毒だ、としている説もあるようですが、私の知る限りそれは証明され

COLUMN

ていません。ただ、嫌っているのは確かです。

そのほかに、猫が飼い主さんや家族の体に額をこすりつけてくることや、足元に体をこすりながら歩くことがあります。これは、猫が「臭腺」というにおいを出す器官を持っていることに起因する行動です。猫の額と唇の両側、あごの下、しっぽ、肉球、お尻（肛門近く）にあり、自分のにおいを付けることで所有権を主張しているものと考えられます。家中の壁をずるずるとこすって歩いたり、飼い主さんに頭突きや頭をこすりつけてくるのは、こうしたにおいのマーキング行動です。「飼い主さんは自分の物」という主張と思うと、猫なりの可愛らしい独占欲かもしれません。

COLUMN

コラム 猫のプレゼント（体験談）

3年ほど前に、住んでいるアパートの駐車場で子猫が数匹生まれました。母猫もそこにずっと住みついていて、誰ともなく住人が水や食べ物をやっており、人慣れした猫でした。そのうち少し成長した子猫たちはもらわれていったのか、1匹だけになり、その子を私が飼うことにしたんです。

元ノラだったからか、家に入れても日中は外に出たがります。そこで、ベランダから出入りは自由にさせていましたが、周囲の住人も元々世話していたので文句は出ませんでした。非常に活発でよく走り回り、とくに「狩りごっこ」を頻繁にするようになりました。床に這うような恰好なのにお尻を上げてムズムズと体を揺らしたかと思うと、一気に飛び出すように走る。まるで「猫ロケット」みたいだと微笑ましい光景でした。

ある日、外遊びから帰ってきた猫が、ご機嫌な様子で私の方に歩いてきました。足元にしばらくとどまると、ふいにどこかへ行きました。トイレかな？　と思ったのですが、足元に目を落とすと……。小さなネズミが転がしてありました。本当にビックリして叫

COLUMN

びましたよ。でも、猫は部屋のはじでこちらを見てしっぽを振っています。その時はうっかり叱ってしまいましたが、翌日はセミ、翌々日はチョウチョと、狩りは続きました。私は猫を飼うのは初めてだったので、困った癖がついたものだなぁと困惑してしまい、長年猫を飼っている友達に訊いたら、「それ、プレゼントよ」と笑いながら言われました。人間にはちっとも嬉しくない物なのですが、猫からの親愛の表現なのでした。最近は慣れてきたのか、家族にプレゼントをあげようとしていると思うと、悲鳴は上げずに済んでいます。でも、ちょっとだけ、自由に外と部屋を行き来させたのは失敗だったかな？　とも思っています。

猫の出身によって「飼い方」が変わります

習性のほかに、猫を飼ううえで知っておかなければいけないことがあります。それは、病気に関わることです。

一般的に猫を家に迎える方法は、ペットショップで選ぶ、知人から譲り受ける、保護された猫を迎える、の3つかと思います。

まず、ペットショップで選んだ猫を飼う場合は、母猫もノラ出身ではないので健康上の問題はほとんどないと考えてよいでしょう。きちんとしたお店であれば、ショップ内で暮らしている間に寄生虫のチェックとウイルスの検査はしてあります。そのまま家の中だけで飼う場合は、その後の感染リスクも低いままですので、先天的な因子や外部からウイルスに感染して発病する可能性は低いと考えられます。

知人から譲り受ける場合も、その母猫が家飼いで感染性の病歴がなければ、その子どもたちも安全と考えられます。

一番注意しなければならないのは、ノラ出身の猫――保護された猫を飼い始める場合です。知り合いから譲り受ける場合も、もともと室外で暮らしていた猫であれば同様の病気リスクがあると考えてください。

では、どのような病気リスクがあるのか見ていきましょう。飼い始めて一番初めにチェックしなければならない病は次の3つです。

●猫免疫不全ウイルス感染症（猫エイズ）

●猫白血病ウイルス感染症

●猫伝染性腹膜炎

ノラ出身の猫を保護・飼育する場合この3つの病気の因子を持っている確率は非常に高いです。これらの病を発症すると、別の病気の症状も出てきます。

例えば、猫エイズにかかっている猫は口内炎がひどく、薬で治療して症状を抑えても頻繁に繰り返しやすい傾向があります。また、猫のリンパ腫は白血病ウイルスと連動している場合が大変多いのです。

なかでも一番厄介と言えるのが猫伝染性腹膜炎。まず、先に挙げた3つの病のなかでも、これにかかっている猫が一番多いのは事実です。この病を発症すると腫瘍(しゅよう)ができやすくなるという特徴もあります。腫瘍によって胸や腹部に水が溜まったり、臓器を圧迫したり、付帯する症状で猫が苦しめられます。

また、この腹膜炎は猫エイズや白血病と違って生後3ヶ月以上が経過していないとチェックできない病なのです。これは実はあまり知られていません。

先ほど「ペットショップで選んだ猫であれば、病気のチェックはしてあるはず」と言いましたが、生後3ヶ月以前の幼猫を飼ったのであれば、腹膜炎の検査はできていないことになります。

ノラ出身の保護猫については年齢の特定は素

人では難しいものです。家に迎えたら早めに獣医に診せて推定年齢を知り、3ヶ月を過ぎたと思われる段階でこの猫伝染性腹膜炎の検査は必ずしなければなりません。

もしも先住猫がすでにいて、2匹目以降を保護して迎える場合にはとくに注意が必要です。先住猫が高齢だった場合、後から来た若い猫がウイルスに感染していたら、2匹とも確実に病気にかかります。

子猫を家に迎えるうえで、どこ出身の猫かによってスタート地点がまったく違っていることを覚えておいてください。

飼い主さんの心得と対応力

猫に限らず犬にも見られる行動ですが、飼い主さんがイライラしていたり、悲しんで涙したりしているとき、ペットがそっと近くにいてくれることがあります。人間の言葉こそ話せませんが、ペットは飼い主さんや信頼を寄せている人間の情動に敏感な子が多いものです。人のイライラはペットのストレスにもなります。トイレトレーニングや入ってはいけない部屋を明確に分けておくなどの基本的な「しつけ」は必要ですし、身につけさせるのが飼い主さんの義務です。しかし、それ以外の、動物の習性については、一緒に暮らす中で譲歩したり、動物を飼う生活に飼い主さん自身が慣れていく必要もあるのです。

そして、こういったペットの習性も、老化につれて見られなくなっていく場合がほとんどです。

性格が温厚になったり、行動がおとなしくなったりと飼いやすくなる反面、これはそろそろ年をとってきたというサインでもあります。おとなしくしていると思っていたのが、実は老化によって睡眠時間が増えていることが原因だったり、おやつの催促が減っているのは食欲の減退に起因したりしている場合もあります。

ここで飼い主さんが「もしかして？」と老化を意識できれば、病気や思わぬ怪我を防ぐことができます。

老化に気づいたときに生活環境を見直すポイントはいくつかあります。

高い場所の遊び場（キャットタワーや
猫用ハンモックなど）を撤去する

入りこんだら出てこられなそうな場所（テレビの裏や
クローゼットの隙間など）に立ち入らせないようにする

フードを高齢向けのものや、ドライフードから
歯に負担の少ないウェット状のもの（猫缶）に変える

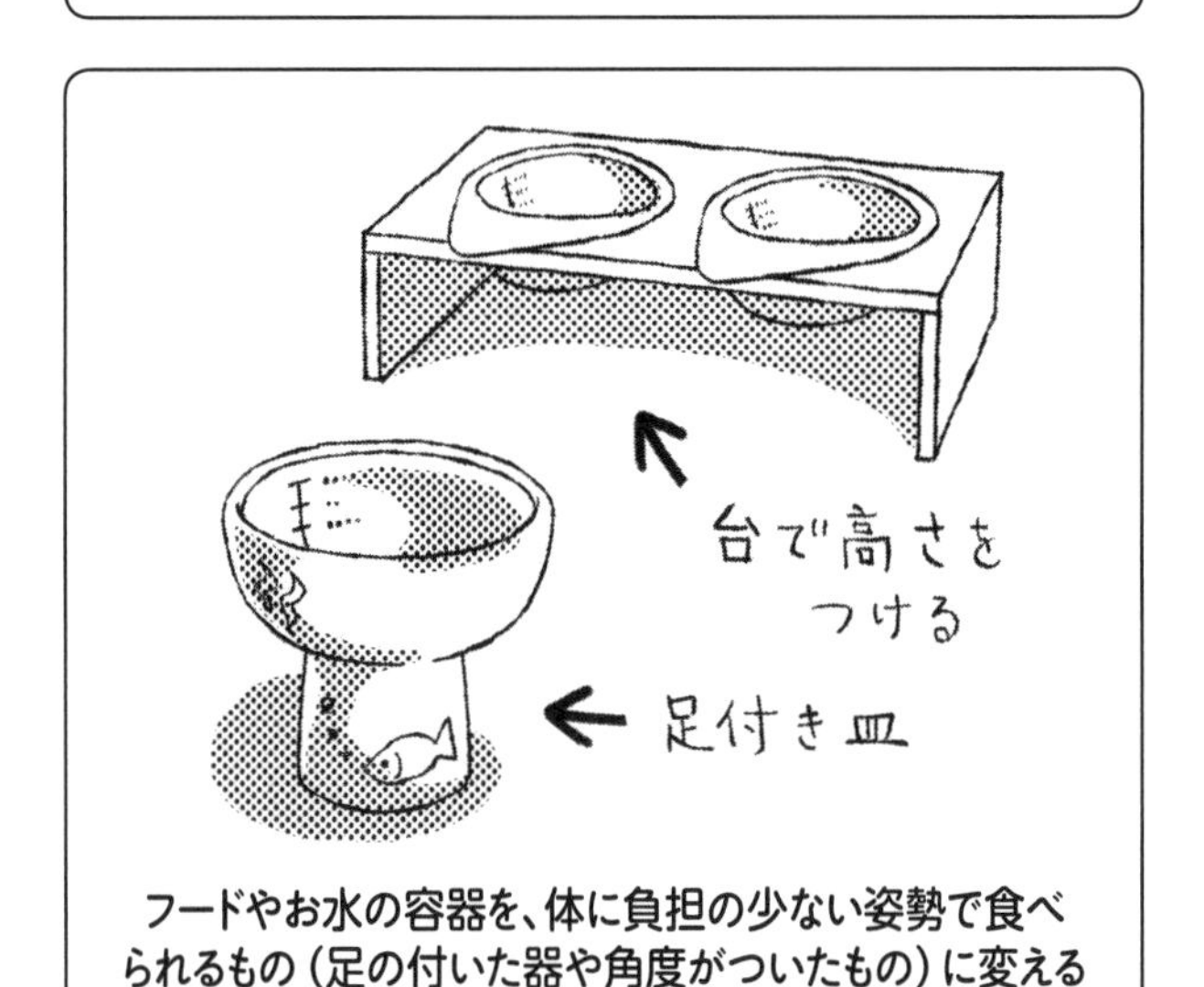

フードやお水の容器を、体に負担の少ない姿勢で食べられるもの（足の付いた器や角度がついたもの）に変える

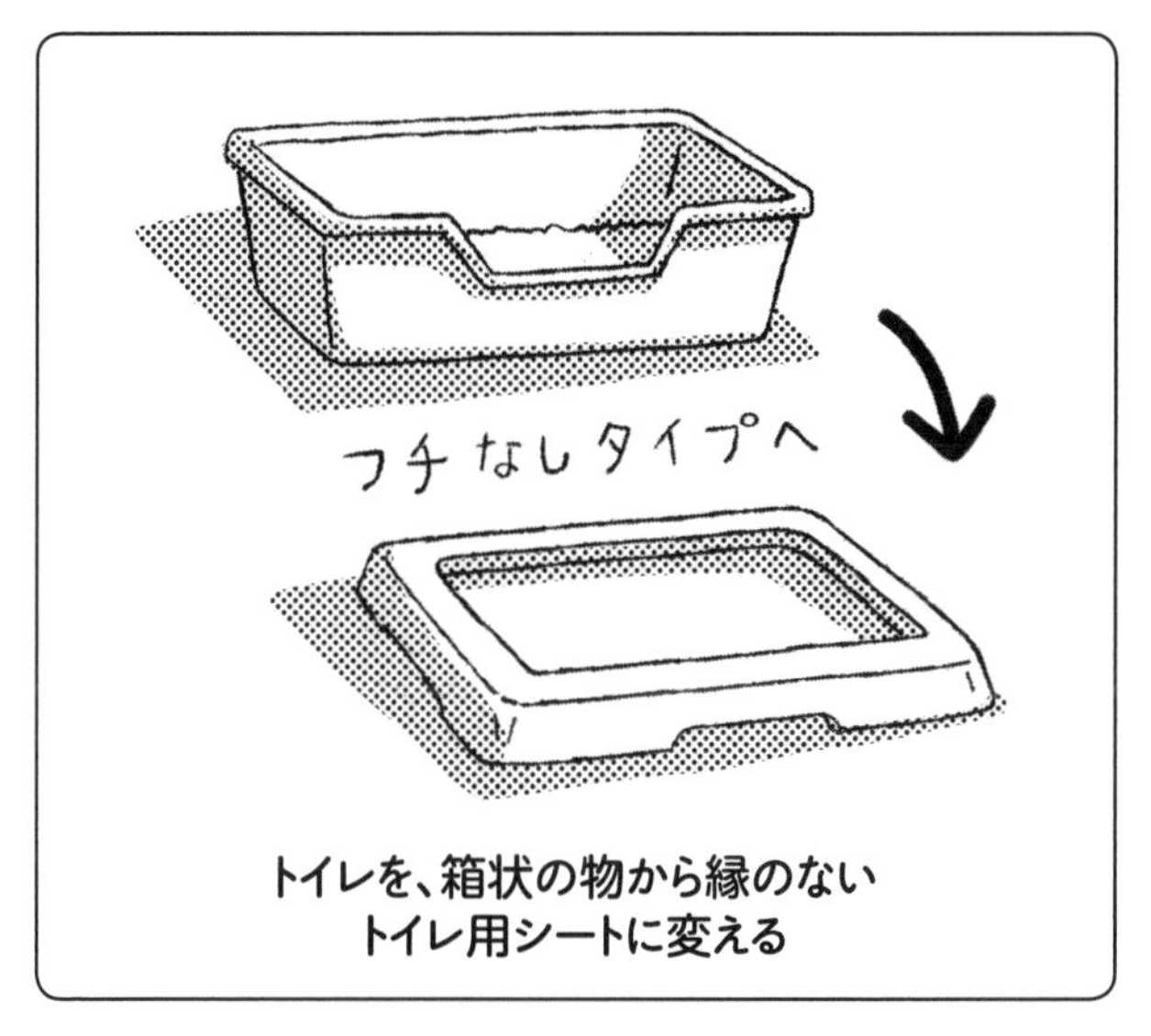

トイレを、箱状の物から縁のない
トイレ用シートに変える

寝床が箱状のベッドだった場合、毛布や座布団などの平たいものに変え、
温度調整ができるよう、掛け布団になるものを用意する

これらすべてを一気に変えなければいけない、ということではありません。市販されているフードのパッケージには、ジュニア用（キトン用）、成猫用、シニア用という表示の外に対象年齢が記載されている物がほとんどです。年齢表示に従って変更して悪いことはありませんが、これもあくまで目安です。極端な例ですが、10歳を迎えても、歯も強く、胃腸も健康で、排せつにも問題が起きていないのに誕生日の翌日から即座にシニア用にしなければいけない、という決まりはありません。

また、年齢の割に元気で外に出るのが好きな子を、室内に閉じ込めるのはストレスを溜めさせてしまいます。歯や足腰などの身体機能や生活習慣などの変化に目を配りながら、異変に気づいたときに少しずつ、猫が過ごしやすいように改善してあげてください。飼い主さんが気づいたタイミングで、室内環境やフードなどを見直す準備をするぞ、と予め思っておくことが大切です。

猫好きの方にはよくあることですが、猫を飼い始めると、その後どんどん増やしていく方が多いようです。もちろん1匹ずつ、連続して飼う方もいます。

ここでは、単独飼い（猫を1匹だけ飼う）、多頭飼い（複数の猫を飼う）、多種の多頭飼い（猫と犬など、種類の違う動物を猫と一緒に飼う）の場合で、それぞれの注意点をお話ししましょう。

単独飼いの場合の注意点は、前述の通り、まずはノラ出身とペットショップやブリーダーから迎えた場合とで病気リスクが違うことです。一番気を付けることは、遺伝性もしくは既往の病気です。これは獣医さんに相談してよく確認しましょう。

次に、猫を多頭飼いする場合は、何よりウイルス感染のリスクが高まります。1匹が感染した細菌やウイルスが、フードや水、トイレを通じて他の猫に回る場合もありますし、くしゃみや鼻水による飛沫感染もあります。もし隔離したとしても、ご自宅では病院のように完全に空間を遮断することはできないので、空気感染のウイルスで病気が広がることもあるからです。同時期に複数を飼い始めた場合でも、そのうちの1匹が感染したら全員にうつってしまいます。また、2匹目以降を順に追加して飼った場合に一番悲劇的なのが、年上の先住猫が菌をうつされたことによって先に死んでしまうケースが多いことです。後で猫の年齢について詳しくお話ししますが、猫の加齢1年は人間で4歳分に相当します。若い猫なら保菌したところで発症しなくても、老体には重大な病のひきがねになり得ます。

また、猫は尿結石のリスクがもともと高い動物です。この病気は悪くすると尿道閉塞にもなる怖い病気です。発症したら医学的な治療のほかに、必ず専用のフードに変えなければ治りません。多頭飼いの場合、それぞれの猫たちが自分専用のフード容器だけを使う、ということはあり得ません。フードの容器はすべての猫が共用することになりますので、病気にかかった1匹分だけのフードを治療用の物に変えればいいということではありません。全員の食事を高額な専用フードに変える必要が出てきますので、費用面でも飼い主さんの負担が増していきます。

最後に、多種の多頭飼い（例えば犬と猫の同居）の場合、一番注意しなければならないのが、猫以外の動物がケンカによって負傷することです。猫の爪は鋭く、悪気はなくても怪我をさせてしまうことがありますね。家庭のなかでライバルになりやすい他の種類の動物が相手であればなおさらです。もし猫の爪で眼球を傷つけてしまったら、相手の動物を失明させてしまいます。

それを防ぐために「抜爪（ばっそう）」という方法をとる人もいます。文字通り、猫の爪を抜く手術です。これは人それぞれに賛否が分かれるところでしょう。しかし、ヒゲを抜いてしまうのとは違い、爪をなくしても猫の体に支障が出ることはありません。私は、人間の生活空間で動物を飼う以上、ペットをその生活に即した状態にすることには理解を示す、という立場をとっています。私も個人的に猫を飼っていますし、家族が飼っている猫の抜爪手術を請け負ったこともあります。まずは人間の生活に無理のない状況で猫を迎えること。これが長く一緒に暮らすうえでとても大切だと思っています。

コラム 猫と食べ物――NG食の嘘・ホント

すでに一般常識になりつつありますが、猫や犬には食べさせてはいけない食べ物があります。代表的なものは次の2種類。

●**ネギ類**（玉ネギ、長ネギ、ニラ、ニンニク、ラッキョウなど）

●**カカオ類**（チョコレート、ココア）

他に、大量に食べさせてはいけないものは、

●**レーズン、ブドウ**（因果関係は明確にされていませんが、有毒性が指摘されており、なかには嘔吐（おうと）や下痢を起こすこともあります）

●**アボカド**（果肉の部分と皮や種にも有毒性が指摘されています。嘔吐や下痢の原因になる場合もあります）

●**ナッツ類**（消化が難しく、油分が多いので食べすぎると肥満の原因にもなります）

消化に負担がかかる物は基本的に避けた方がいいでしょう。また、人間の食事はペットには塩分が多過ぎることも多いので要注意です。

COLUMN

◆◆◆◆◆◆◆◆◆◆◆◆◆◆◆◆◆◆◆◆◆◆◆◆◆◆◆◆◆◆◆◆◆◆◆

また、昔から猫には食べさせてはいけない「NGフード」とされているものがあります。「猫にイカやエビを食べさせると腰が抜ける」などといったことを聞いたことがありませんか？　実はこれには確実な根拠というものはありません。においが強いので嫌がったり、なかには体をこすりつけたりする行動が見受けられる場合がありますが、食べたら即座に病気になる成分がある、ということではありませんので、もし口にしてしまったとしても心配は無用です。ただ、先に挙げた物と同様に、なんでも大量に食べれば有害ですので、気を付けてください。先ほどの「腰が抜ける」というのも、お腹を壊して背を丸めて座り込んでいる状態が腰が抜けてへたり込んだ様子に見えることも考えられます。

また、年をとって食が細くなったり、病気にかかってあまり固形物が食べられなくなったりした時には、有毒でない限りその子が食べられる物や興味を示す物をあげるようにしてください。食欲の低下による体重変化はとても危険です。

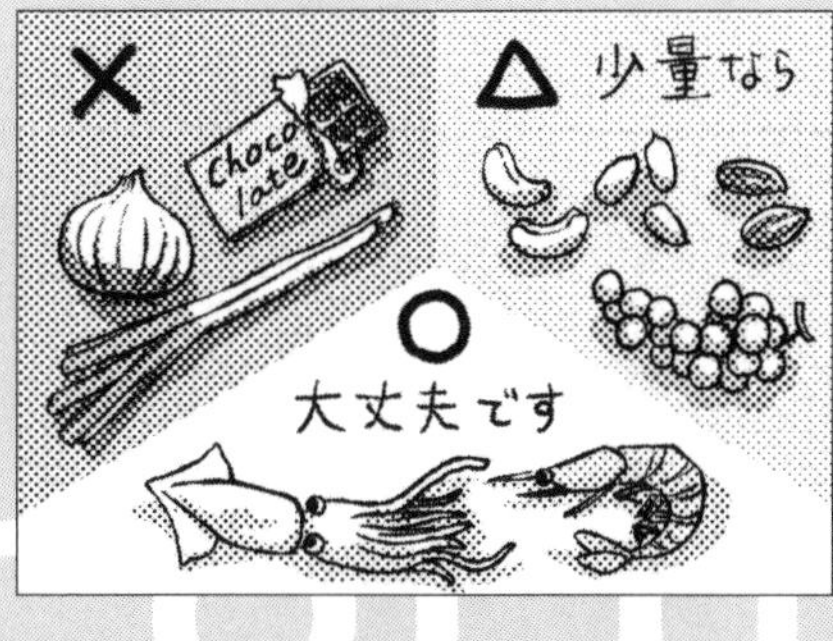

COLUMN

健康な時こそ気を付けておきたいポイント

猫は0歳から2歳までの間に、人間の20歳を少し過ぎたくらいの年齢に達します。その後、1年に人間年齢の4歳ずつ年をとっていきます。高齢と言える猫の年齢は、だいたい7歳～10歳以降のこと。猫の7歳は人間に換算して45歳程度で、10歳を過ぎたとなれば還暦（60歳）近い年齢感です。

老後のケアはその頃に始まると思っておいて良いでしょう。しかし、老いを感じてから慌てるのではなく、初めの7年間にきちんと健康時の様子を観察しておくことが、病気や老いの兆候に気づくポイントになります。これを見逃さずにケアしてあげられるということは、寿命を延ばしてあげることにもつながります。

体毛が束になり毛割れができる

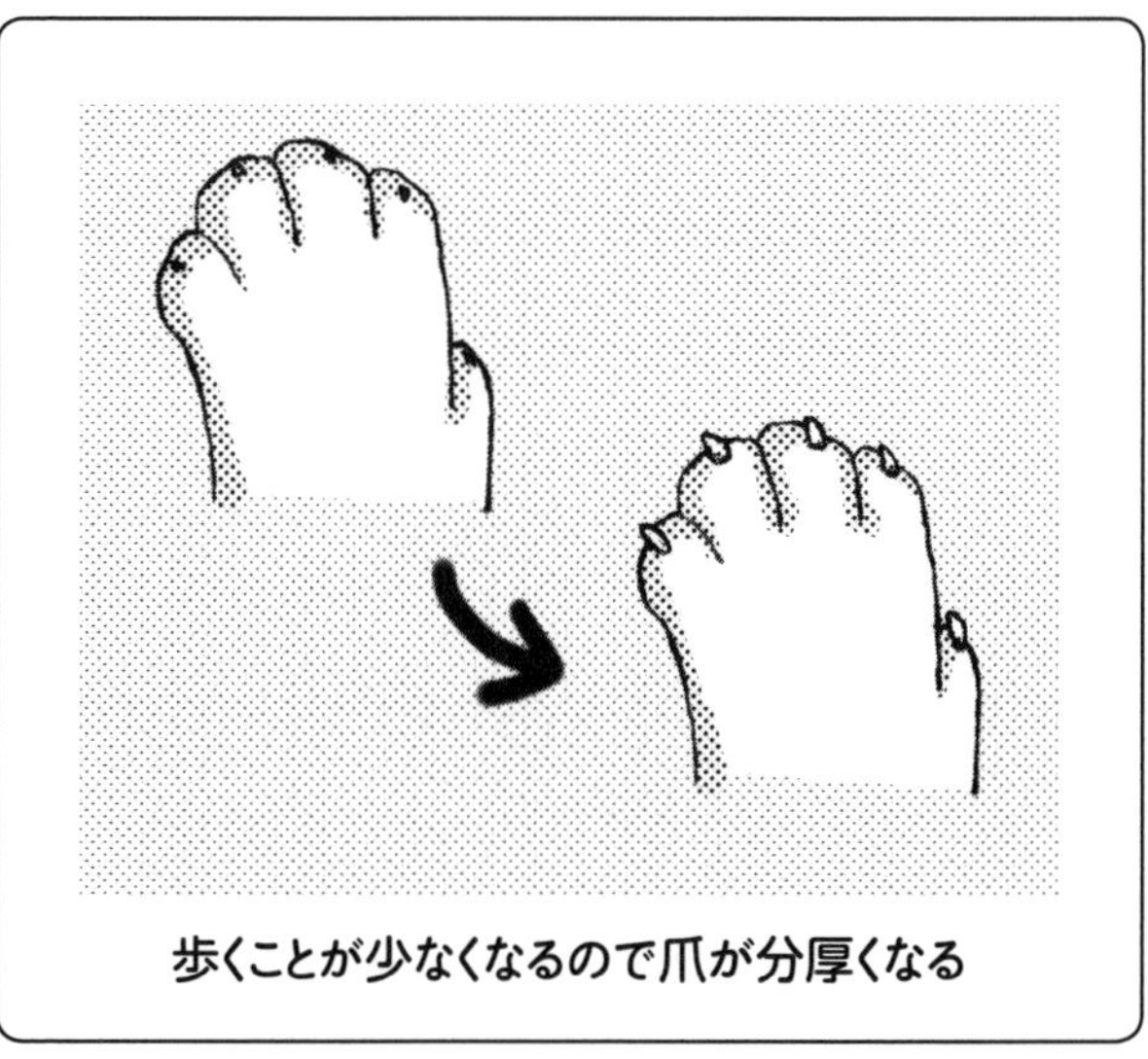

歩くことが少なくなるので爪が分厚くなる

痩せてくるが、歩くときにお腹が左右に揺れる

遊びに誘っても乗ってこなくなる

耳が遠くなる

仰向けに寝なくなる

高いところに行かなくなる

人に向かって鳴き続けてしまう

人間の老化と同じく、動きが緩慢になったり、寝ている時間が長くなったりするのは、飼い主さんからすると手がかからなくなって暮らしやすくなる側面もあります。しかしこれが老化のサインでもあるのです。体や性格、行動のパターンが変わってきたら、ちょっと注意してみた方が良いと覚えておきましょう。

予防接種やワクチンは絶対に忘れずに！

毎年行う予防接種は、飼い主さんの都合によって去年は受けたけれど今年は忙しいからパス、というのでは意味がありません。また、予防という意味で最も有名なもののひとつが、蚊が媒介するフィラリアの予防でしょう。人間が蚊に刺されても、非常に特殊な病以外には感染することはありません。が、動物たちには命とりになりかねません。最近では、「フロントライン」というノミなどにも同時に効果がある滴下タイプの薬や、内服薬もあります。

予防接種のワクチンには効果に期限があります。過去に一度打ったら安心、という類の物ではありません。継続して受けなければいけないことを覚えておいてください。

また、高齢になると体力がなくなるため、予防注射は体に負担が大きいのではないかと気がかりかもしれませんが、屋外に遊びに出る猫の場合は必ず継続してください。外でほかの猫と接触があれば、年齢に関係なく病気の感染リスクは高まります。ワクチン接種によって発症を防げる感染症もあります。

室内だけで生活している猫であれば、体力が落ちている場合は、必ずしも無理をして予防接種を受ける必要はありません。そのかわり、若いうちはワクチン接種を徹底しておく必要があります。

猫の体調に合わせ、獣医さんと相談のうえで継続していくことをおすすめします。

もしもの時に慌てないために知っておきたい投薬の方法

猫が病気になったとき、何より頼りになるのが獣医の存在です。飼い始めたときに検診や予防注射を受けた医院にずっと通い続けられるのが理想的です。しかし、飼い主の転勤・転居があれば、それにともないペットたちも移動することになります。その土地、土地でかかりつけの病院を持つことをおすすめします。

また、入院するような病や怪我に見舞われた場合、退院後も自宅で投薬しなければならない場合があります。

薬のなかには、動物用に開発されたものではなく、人間用の薬をその子の体に合わせた分量に調節して与えるものもあります。フードに混ぜてごまかしつつ与える方法も、犬に比べて猫に食べさせるのは非常に困難です。たいていの猫はこれを大変嫌がります。

病状によってまちまちですが、飼い主さんでも投与できるお薬の形状は、錠剤か液剤の内服薬です。外傷などに投与するクリーム状の塗付薬や目薬は、少しかわいそうですが、体を固定することで投与することができます。エリザベスカラーなどを使用し、患部を舐めてしまわないようにすることが必要です。

一方、内服薬がくせものです。液状、ゲル状、ペースト状のものは、フードに混ぜて摂取させることが一番簡単な方法です。しかし、賢い猫の場合はにおいで薬が混じっていることに勘づき、拒否する場合もあるので手ごわいです。

その場合は、針のない注射器で、口に直接流し込む方法があります。少し強めに体や口を固定して歯の隙間から入れるので、少しかわいそうな見た目ではありますが、大切な家族が健康になるためですので頑張ってください。

一番難しいのが錠剤を飲ませる場合です。非常に小さな粒かカケラ状にされている場合が大半ですが、ただ口に放り込んだのではすぐに吐き出しますし、フードに紛れ込ませても、見事にそれだけ残す子もいます。

そんな時の方法をいくつか紹介しましょう。

1

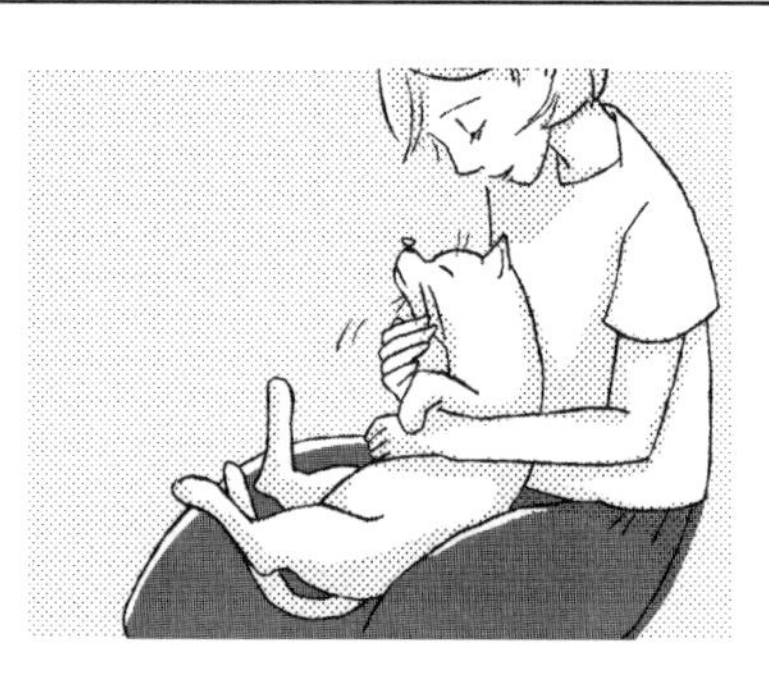

飼い主が椅子に座った状態で、猫を背中を向かせて膝の上に抱き、後ろ脚で座らせる。片腕を前脚の脇に通して体を固定し、上を向かせて手で顎のあたりをつかむ（呼吸できるように注意）。鼻の上に薬を置いて喉をなでて、口が開いた瞬間に前歯の隙間から口内に薬を転がして入れる。

2

①では暴れる場合、タオルで頭から体までを巻いて固定し、膝の上に向かい合った形で座らせる。片手で後頭部から頭をつかみ、口の左右両側を親指と人差し指で開かせ、隙間を作って薬を放り込む。

3

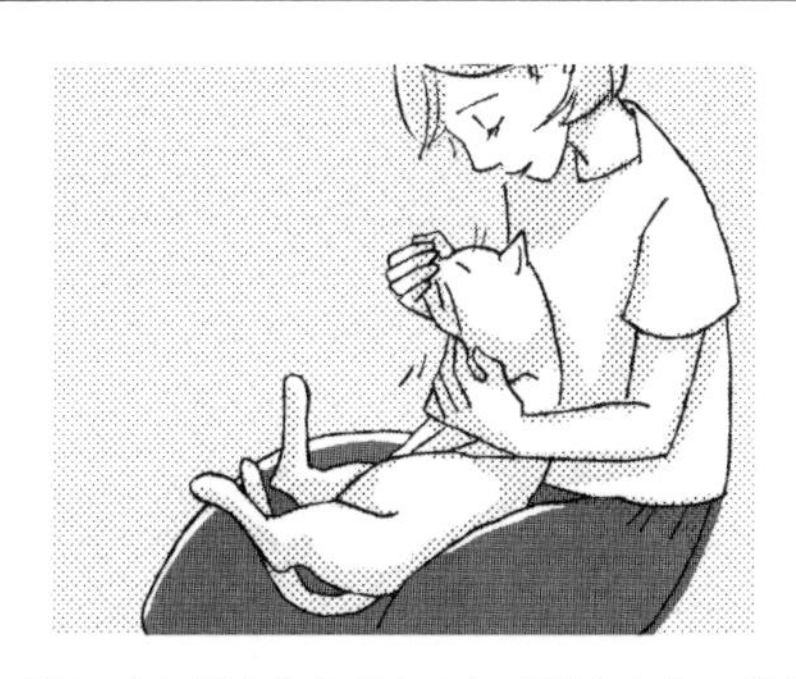

①か②で口の中に薬を入れることに成功したら、鼻先から口（マズル部分）を指で押さえて吐き出せないように固定。空いている方の手で喉を優しくなでていると、唾液を飲み込むのと同時に嚥下（えんげ）する。ゴクリと喉が鳴ったのを合図にすると良い。

自宅での投薬には、飼い主さん側の慣れも必要です。猫を飼っている人でこれに困っている人はとても多いようで、実際に猫に投薬している様子を映した動画がインターネットなどに公開されています。「猫に薬を飲ませる方法」などの簡単なワードで検索すればいくつも見つかります。必要に迫られたときに慌てないよう、一度見てみるのもよいでしょう。

ただ、非常に頭が良かったり、執念深い子の場合、15分ほども喉をなで続けてゴクリと喉が鳴ったのを確認し、安心して解放したところ、膝から降りたその場でプッと薬剤を吐き出したのを見たことがあります。口に入れてからだいぶ時間が経っているため、薬はもうほとんど溶けてしまって全体の半分以下にまで小さくなっているのに、どうしても飲み込みたくなかったようです。

その一方で、長期に投薬が続いた場合、薬を飲めば痛みや苦しみが楽になるという循環を学習して、だんだんと抵抗しなくなる賢い子もいます。

それぞれの個性なので一概には言えませんが、ご自身が飼っている猫に一番与えやすい方法を見つけられるよう、根気強く続けてください。どうしてもできない場合は、液状のものに変えられないかなど、薬を処方してくれた獣医に相談してみましょう。今では抗生物質と炎症止めがひとつになったものを注射することもできます。一度の注射で、7日から14日間の効果があります。

また、投薬は1回きりではなく、1日に決まった回数を一定期間与え続けなければいけないことがほとんどですので、可愛がっている飼い猫に警戒されたり、ちょっとの間嫌われてしまったりして哀しい思いをすることもあります。しかし、命には代えられません。飼い主さんも、かわいそうだから止(や)める、などということは絶対してはいけません。少しの間心を鬼にして一緒に闘病する気持ちを持ってください。

コラム ノラ猫に寄生する、人が感染する病気を媒介する害虫

害虫に寄生されたことにより、猫が意図せず病原菌を媒介してしまい、飼い主やその家族が感染してしまうこともあります。

一番確率が高いのは、猫の毛の中に寄生したノミ・ダニが人に移り、飼い主も刺されてしまう場合です。どんなに手入れされた場所でも、不特定多数の人や動物が集まる公園などの草むらには無害な虫もふくめて多様な寄生虫が生息しています。外で遊ばせている猫についたまま家の中に持ち込まれることはありえるのです。

また、今年（2017年）の夏に、悪い意味で話題になったのが「マダニ」です。危険な病を媒介する寄生虫としてマダニがニュースになり騒がれたきっかけは、ノラ猫をかまった女性が噛まれた際に、その猫が感染していたマダニの病原菌がうつされ、残念ながら女性は亡くなってしまったといういきさつだったことは記憶に新しいと思います。これは、SFTSウイルスによる重症熱性血小板減少症候群が起こったためと考えられます。猫を介して寄生虫に刺されるのではなく、猫から直接うつされてしまった不

COLUMN

運な例と言えます。

ちょうど、日本には生息していないはずだった害虫「ヒアリ」が全国各地で確認された騒ぎと重なったため、マダニも初めて発見されたかのような錯覚がありますが、マダニは私が知っている限りでも、東京都の西部や多摩地区など、とくに川の付近では20年ほど前から、確認されていたと記憶しています。

もし病原菌をうつされたら大変なことではありますが、マダニも他の寄生虫と同様、猫に対してはフロントラインなどの滴下タイプの薬や内服薬で防ぐことができます。このことからも、毎年の予防注射や投薬の継続を徹底して欲しいと思います。

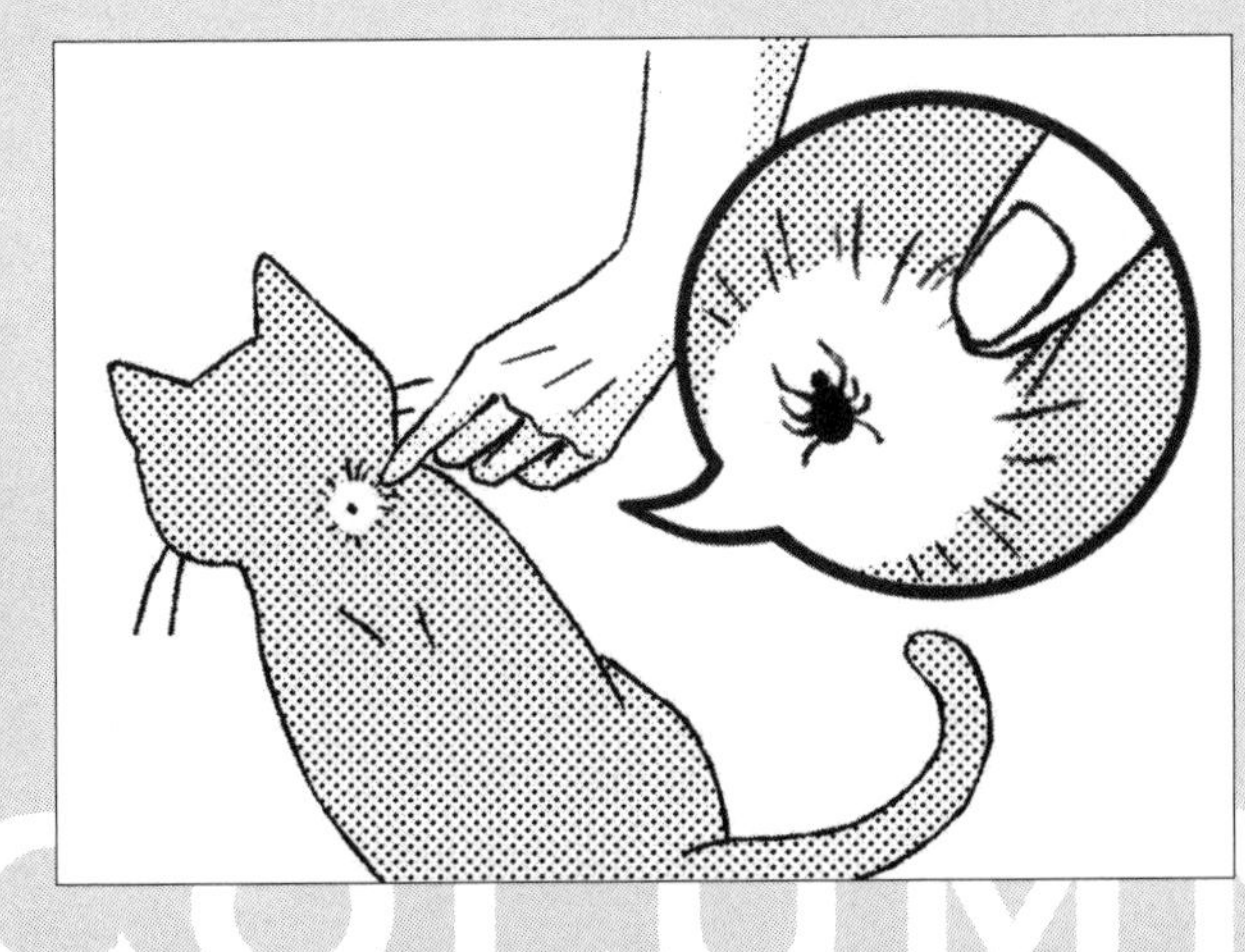

COLUMN

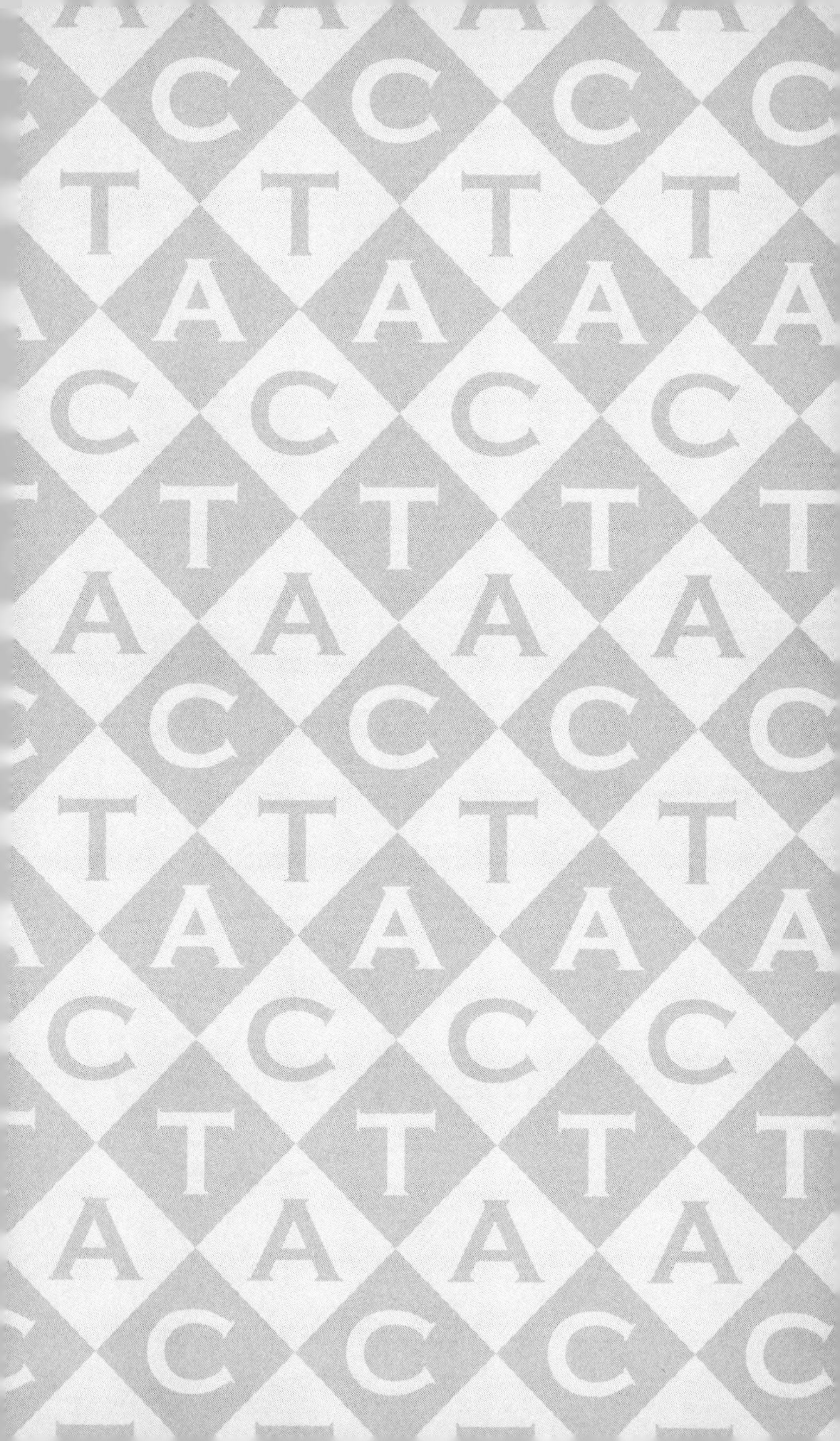

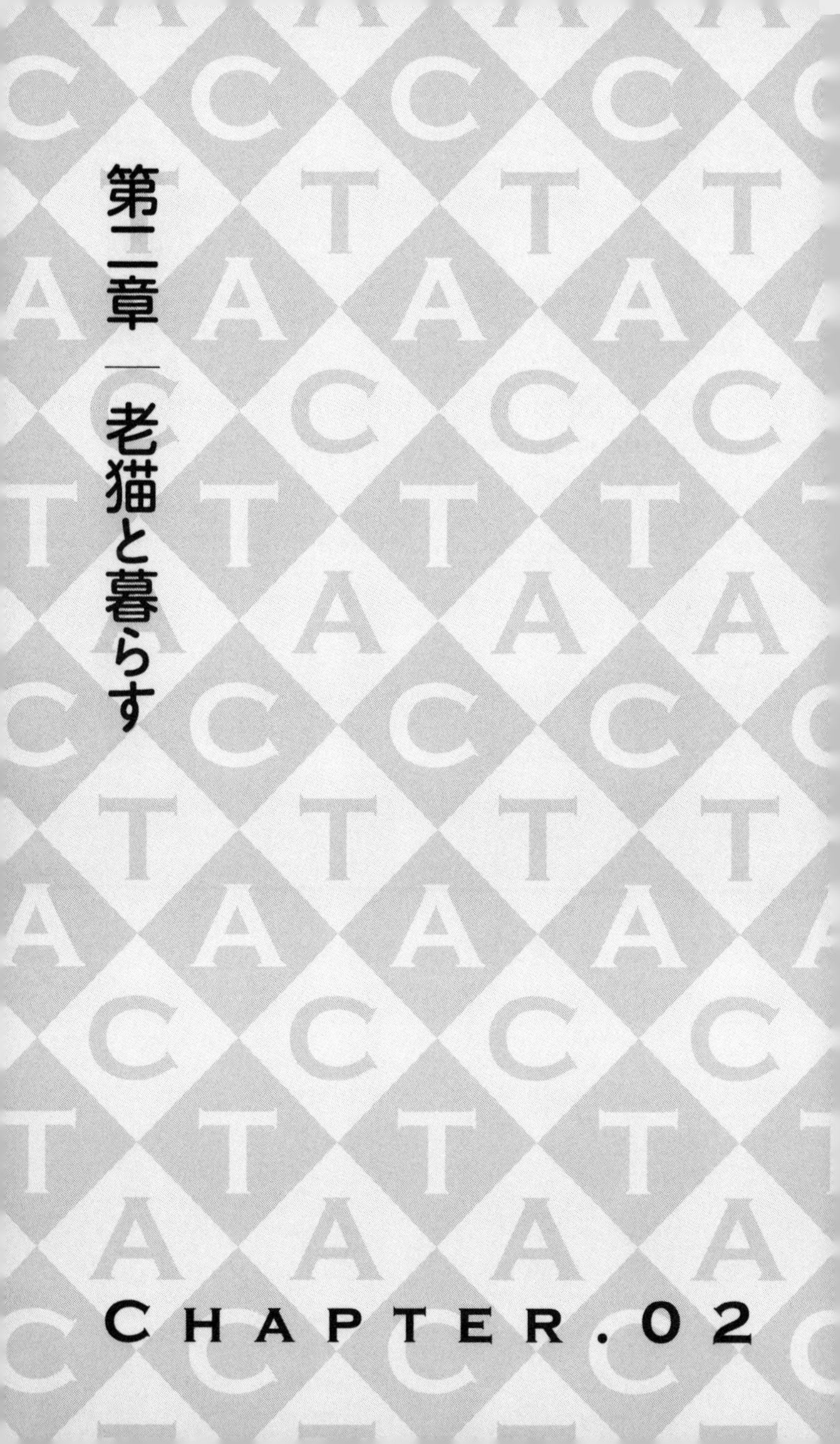

第二章　老猫と暮らす

CHAPTER.02

猫の寿命

一般的に、猫は犬よりも長生きだと言われています。ペットの寿命を考えるとき、犬の場合は小型でも大型でも10から15歳が一般的な一生で、20歳まで生きるのはなかなか難しいです。一方、先にも触れましたが猫の場合「室内猫なら大抵20歳くらいまで生きる」などと聞いたこともあるかもしれません。

しかし、一概には言えないのが事実です。

例えば室内だけで飼い、外にはまったく出さなかったとしても、親の世代までにノラや外で暮らしていた猫がいたり、捨てられていたのを保護した場合には、遺伝的に病気の因子を持っていることは珍しくありません。前までのお話のなかで伝えた予防接種や健康診断を忘れず定期的に受けていたとしても、その場合は残念ながら発病を封じこめるような予防はほとんどできません。

病の因子を持って生まれても一生発病せずに20年近くの長寿を全うする子もいますし、早ければ1歳未満、生後半年ほどでも胸に水が溜まる症状が出てきてしまうようなケースもあります。

それは、飼い方が悪いのではありません。その時点が、それぞれの猫の寿命なのです。だから、「飼い方が悪かったかな」「もっと、こうしてあげていれば、もっと生きられたんじゃないかな」などと後悔することがあっても、決して自分を責めてはいけません。

遺伝性の因子が発病する確率はだいたい5%と、数字上は決して高いものではありません。しかし、発症してしまったら致死率は100%なのです。これは日本に限ったことではなく、厳しい現実ですが、発症後の根本治療は世界中どこでも不可能です。

また、病気の因子は免疫低下を招くため、他の病気を呼んでしまうことも多々あります。

繰り返しになりますが、病の早期発見のためには、飼い始めや、猫が幼いうちから信頼できる主治医を見つけておいて、定期的に受診することが第一ですし、不調のきざしがあったら迷わず受診することが大切です。「もっと早く治療してあげていれば……」と後悔することはなくなります。

もし猫が大病を患っていた場合、長く治療し、回復するまで具合の悪い状態の猫に向き合うことになります。シビアな現実ですが、治療が長くかかれば飼い主の心の負担は想像以上に大きなものになりますし、体力的・金銭的にも決して軽い負担では済まなくなります。どちらの意味でも飼い主の負担を軽減する意味で、定期的に受診することは非常に大切になります。

病気のサイン

猫は体の具合が悪くなると、極力動かず安静に過ごします。もちろん、年老いてくると若かった頃より動きもゆっくりになりますし、走り回ることも少なくなります。老いによって安静に過ごしているのか、体の変調によって動けなくなっているのかは、呼吸音や食欲の有無など、日頃と違った様子をしていないかを確かめることで確認できます。

猫がなんらかの顕著な病状を見せたときには、残念ながら、残された時間は少なくなっていると覚悟しなければならない場合もありますので、日頃から注意してください。

なかでもとくに注意が必要な所見を挙げておきます。猫のこれらの様子を目撃したら、すぐに対処するようにしてください。

●嘔吐

猫はもともと吐きやすい動物と言われています。ペットグラス（猫草）などの植物を敢えて食し、胃に溜まった毛玉を吐くことも日常的にありえます。とくに季節の変わり目、春と秋の換毛期にはよく嘔吐が起こるかもしれません。ただ、その内容物に、毛玉やフードだけでなく血が混じっていたり、多くは食べていないのに嘔吐を繰り返すのは危険信号です。また、吐いてすっきりしたはずなのに食欲が戻らないときも注意が必要です。下痢や食欲不振もある場合は体重変化に気を付けてください。減少していたら病気の可能性が高くなります。

●鼻水

猫の鼻はいつも表面が濡れているものですが、透明な液体ではなく、鼻の穴から色のついた鼻水が出ていたり、場合によっては鼻ちょうちんができるような粘り気のある鼻水が出た場合は注意してください。何かの菌に感染していたり、嘔吐によって栄養状態が悪くなっている場合も考えられます。すぐに診療を受ける必要があります。

●食欲不振と水分の過剰摂取

人間と同様、猫も体調が悪いと食欲が落ちます。怪我の場合にも、とにかく静かに眠り続けることで体力を温存し、体を治すことに集中するため、食欲よりも休養を優先させることもあ

るようです。肥満を避ける意味で日頃から食事量を管理することも大切なことですが、フードを食べ残していないか、残しているなら何故食欲がないのかは気にかけなければいけません。

また、固形物は食べないが水ばかり飲む、それも大量に飲む場合は、病気の兆候の可能性があります。とくに老猫の場合は腎臓病、ホルモン疾患（甲状腺機能亢進症）、糖尿病や感染症があると水を大量に飲みます。

ほかにも胃腸関係や口腔（こうくう）内、歯などに問題がある場合は、フードは食べられませんし、なんらかの病で発熱している場合も水を欲しがります。とくに猫は深刻な病気ではなく少し歯痛があるだけで食べなくなります。

猫は気ままなところがあると言われている動物ですが、日常を見逃さずにチェックしておくことが、変調に早く気づく方法となります。

●呼吸音と咳

大きくお腹を膨らませたり縮ませたりする呼吸は、肺に何か問題がある可能性があります。そうなる前に、小鼻を細かく、早く動かして呼吸しようとするはずなので、日頃からよく見ておきましょう。よく「逆しゃっくり」と言われる人間のくしゃみのような呼吸や、発作的に音の出る短い呼吸をするときは要注意です。

腫瘍（しゅよう）ができている場合や、病の他にも外傷によって肺が傷ついた場合、胸内に水が溜まっていたら同じような呼吸をすることもあります。

循環器系の病は非常に治りにくいですし、呼吸がままならない場合は自宅で飼い続けることが不可能になってしまいます。その場合、酸素室のある病院に入院しなければ生きられない場合も考えられる、とても怖い所見だと覚えておいてください。

今は簡易的な酸素室をレンタルすることもできますが、重病だった場合、その他にも点滴や外科的処置が必要なこともあります。また、もし異変が起こった際にはすぐに気づいてもらえるので酸素室完備で入院施設のある病院にいた方が良い場合もあります。自己判断はせず、診察を受けるときにしっかり獣医と相談しましょう。

まずは気にしておきたい症状は右の通りですが、その他にも日常の行動で気を付けておきたい行動と病気の関係を具体的に示してみましょう。

行動と病気の関係

元気がない

老衰の場合と、肝臓病や糖尿病、甲状腺機能亢進症などの病の所見の場合がある。1日以上この状態が継続するなら受診をおすすめします。

行動と病気の関係

無反応

元気がない、を通り越して何にも反応しなくなった場合、痛みを我慢している可能性がある。病の進行の度合が深い場合もあるので要注意。

行動と病気の関係

震え

病や衰弱による低体温状態の場合と、てんかんの場合が考えられる。

行動と病気の関係

飼い主に目を合わせない

失明している可能性がある。

行動と病気の関係

目の色が黄味がかっている、白濁している

黄疸（おうだん）の場合、肝臓疾患の可能性がある。白濁の場合は角膜の異常などの眼病のほか、悪くすると失明している可能性も考えられる。

行動と病気の関係

口臭の変化

歯周病の場合、心臓や肝臓の疾患の元になる。

行動と病気の関係

腹部の腫れ

全体的に膨れている場合、内臓にできた腫瘍によって腹水が溜まっている場合がある。部分的な腫れ・しこりの場合、がんなど悪性の腫瘍の可能性がある。

行動と病気の関係

食欲がない

怪我や病のために食欲がない場合がある。絶食が3日以上続くと脂肪肝になりやすいので要注意。

行動と病気の関係

尿の異変

色や量に変化が生じた場合、尿路結石や膀胱炎、尿道閉塞や、溶血性の疾患の可能性がある。閉塞の場合は24時間以内に対処をしなければ命にかかわるため、すぐに受診が必要。

行動と病気の関係

便の異変

色や固さに変化が生じた場合、腸内や肛門の炎症の可能性がある。便秘は続くと肝硬変を引き起こす可能性もあるので要注意。

日頃と違う行動は、病や不調のサインの場合が多々あります。普段の生活でも気にかけておくことが早期発見には絶対必要です。

また、トイレまわりに問題があると、病を併発するだけでなく、免疫が低下した老猫が菌に感染してしまうリスクを高めます。猫が若く健康なうちから、飼い主も、こまめに掃除して清潔に保つ習慣を身につけるよう心がけましょう。

ペット保険とは？

ここまでさまざまな病気のリスクや予防、気に掛けたいことや飼い主の心構えのお話をしてきました。猫だけに限ったことではありませんが、家族を迎え入れるということは、ただ一緒に暮らす、共同生活をするという意味だけに収まらないのだとご理解いただけたでしょうか。

このような考え方が必要になった一因は、動物も長寿化の傾向があることです。人間と同じく動物に対する医学も進歩していますし、ペットフードの劇的な改良も理由にあげられるでしょう。お味噌汁、あるいはかつお節をかけたご飯が「ねこまんま」だった時代はだいぶ遠くなりました。人間とおなじく、長生きをすれば病気にかかる確率も上りますし、その病の種類も多様化するわけです。再三にわたって、獣医との相談は遠慮なくしましょう、と申し上げてきたのはこのためです。

猫も家族の一員だという考えが社会にだいぶ浸透してきているとは思います。しかし、人間社会と違う点は、まだまだ社会的制度の整備がなされていないことです。

例えば、動物をともなって公共の乗り物に乗る場合、最近はバッグに入れていたり蓋の密閉ができないベビーカーに乗せている人たちもいますが、本来ならば料金を払わなければなりません。しかし、その料金の分類は「手回り品料金」です。また、ここ最近でかなり厳しく取り締まられるようになったとはいえ、動物に対する虐待の結果死なせてしまった場合に適用される罰則は「器物損壊罪」なのです。

どんなに動物を家族に迎えることが一般化してきても、制度は飼い主さんの気持ちとはまだかけ離れたところに留まっているのが現状です。

その一方、民間の会社が取り入れたのが「保険制度」です。

ペットと暮らす生活のなかで、医療費の高さは誰もが痛感するところではないかと思います。幸いなことに、まだ飼い猫が病気にかかった経験がない方でも、動物の治療費は人よりだいぶ高いと聞いたことがあるのではないでしょうか。

これは、獣医医療は「自由診療」というもので、人間に対する医療のように行われる処置の種類や処方される薬によって定額と定められていないからです。例えば、同じワクチン注射でも、不妊去勢手術であっても、動物病院によってその料金はまちまちです。技術に対する対価を病院ごとに決めて良いことになっています。だから、良心的な値段でもよりよい対処をしてくれる獣医師もいますし、高額だからといって絶対に失敗しない保証があるというわけでもありません。後に、獣医選びのポイントで紹介しますが、無理な負担をせずに払い切れる金額で施術が受けられるかどうかも、選択条件のひとつと言ってもいいでしょう。

保険の話に戻ると、これも飼い主さんの選択に任せられるものですが、「いつか」に備える取り組みとして、念頭に置いておいても良いと思います。その仕組みと種類についてお伝えしましょう。

まずは保険の仕組みについて。だいたいどこの保険会社の場合でも共通しています。

ペットショップから猫を迎えた場合は、その後3ヶ月間の怪我や疾病に対しては、そのペットショップが治療費を補償してくれる場合があります。

当たり前のことですが、ノラ出身の子や、保護した猫の場合はこれがありません。そこで、3ヶ月の補償期間を過ぎた後や、ペットショップ以外から迎えた猫たちを保険に入れる場合は、人間用の民間保険会社が出しているペット用の保険に加入することができます。

そのおおまかな種類は、次の3種類です。

●定率補償型：治療にかかった金額に応じて、一定の割合を補てんしてくれるもの。
●実額補償型：治療にかかった金額が制限範囲内であれば、全額補てんしてくれるもの。
●定額補償型：治療にかかった金額がいくらであっても、一定の金額を補てんしてくれるもの。

ただし、これらには加入できるタイミングが限定されている場合もありますので要注意です。他に、猫の年齢によって掛金が上下するのか同額なのか、猫の一生のうち一定期間にだけ適用されるのか終身なのかなど、加入する保険会社によって規定はまちまちです。

獣医は自由診療ですので、保険会社側はどうしても補償してくれる金額に上限を設けざるを得ません。自分が入る保険の定める「治療にかかった金額の制限範囲」とは具体的にいくらなのか、上限はきちんと確認しておきましょう。掛金によって違いますが、一般的には10～20万円に設定されていることが多いように思います。病の種類や入院期間、設備にもよりますが、治療制限範囲を超えた治療費は自腹で支払うことになります。そのため、保険会社によっては加入時に不払い防止策としてクレジットカードを作ることが定められている場合もあります。さらに、ほとんどの保険の加入条件に共通するのが、契約時に「個体（＝飼い猫）が、現在健康であること」が挙げられています。残念ながら、病気にかかってしまってからでは加入できないことになりますし、もし先天性の疾患を持っていたら対象にしてもらえる会社は今のところありません。しかし、資料を集めたり調べてみたりするのはただです。検討は、猫が若く健康なうちにしてみなければならないことは覚えておいてください。

幸いなことに、病にかかることなく健やかに一生を終える子もいます。保険には加入しなくとも、月々ちょっとずつ、自分に無理のない範囲で猫用貯金をすることも、老後の備えになります。いざというときに、やってあげたいこと、受けさせてあげたい治療が受けられない、という後悔をしないために、人間と同じような備えをしておける時代が来たことは悪いことではないと思います。

コラム

猫とお金の話

獣医という仕事に長年携わっているなかで、とくに日本人に共通だなと感じていることがあります。動物の命の話をしているときにお金の話題は避ける傾向があるな、ということです。

それは、飼い主さん側にも獣医側にも言えることです。

例えば、今すぐに手術を受けなければいけないというタイミングで、ほとんどの飼い主さんが思うことは「お金がいくらかかっても、この子の命を助けてほしい」というものです。しかし、先に言った通り獣医医療は自由診療ですので、長期に治療を続ければ、その料金はそれなりに高額になっていきます。それを手助けしてくれるのがペット保険なのですが、保険に加入している人に限って陥りやすい落とし穴があります。保険に加入している人ほど、その安心感からか治療費の見積もりを獣医に事前に尋ねない飼い主さんが多いのです。

しかし、ほとんどの保険には適用される条件がありますし、保険会社が損をしない程

COLUMN

度には上限が設けられています。残念ながら、「どんな治療も全額補償！」という気前のいい保険商品は存在しません。

峰動物病院でも保険には対応していますし、他の動物病院と比べても高額というわけでもありません。また、断言しますが、法外に高額な料金を請求することは、決してありません。それでも、退院時に合計金額を聞いてからもじもじと分割支払いを依頼されることがないわけではありません。飼い主さんとの関わりの長さにもよりますが、できるだけ応じてあげたくても限度があるのも事実です。ほかの動物病院でも同じ状況だと思います。

先に心づもりを持つこと、自分のできる限りで治療を選択することも飼い主さんの責任です。お金の話はしたくない、などという遠慮は無用ですし、恥ずかしいことでもありません。獣医との間にそれが尋ねられる関係性を築き、安心して相談するようにしてください。

COLUMN

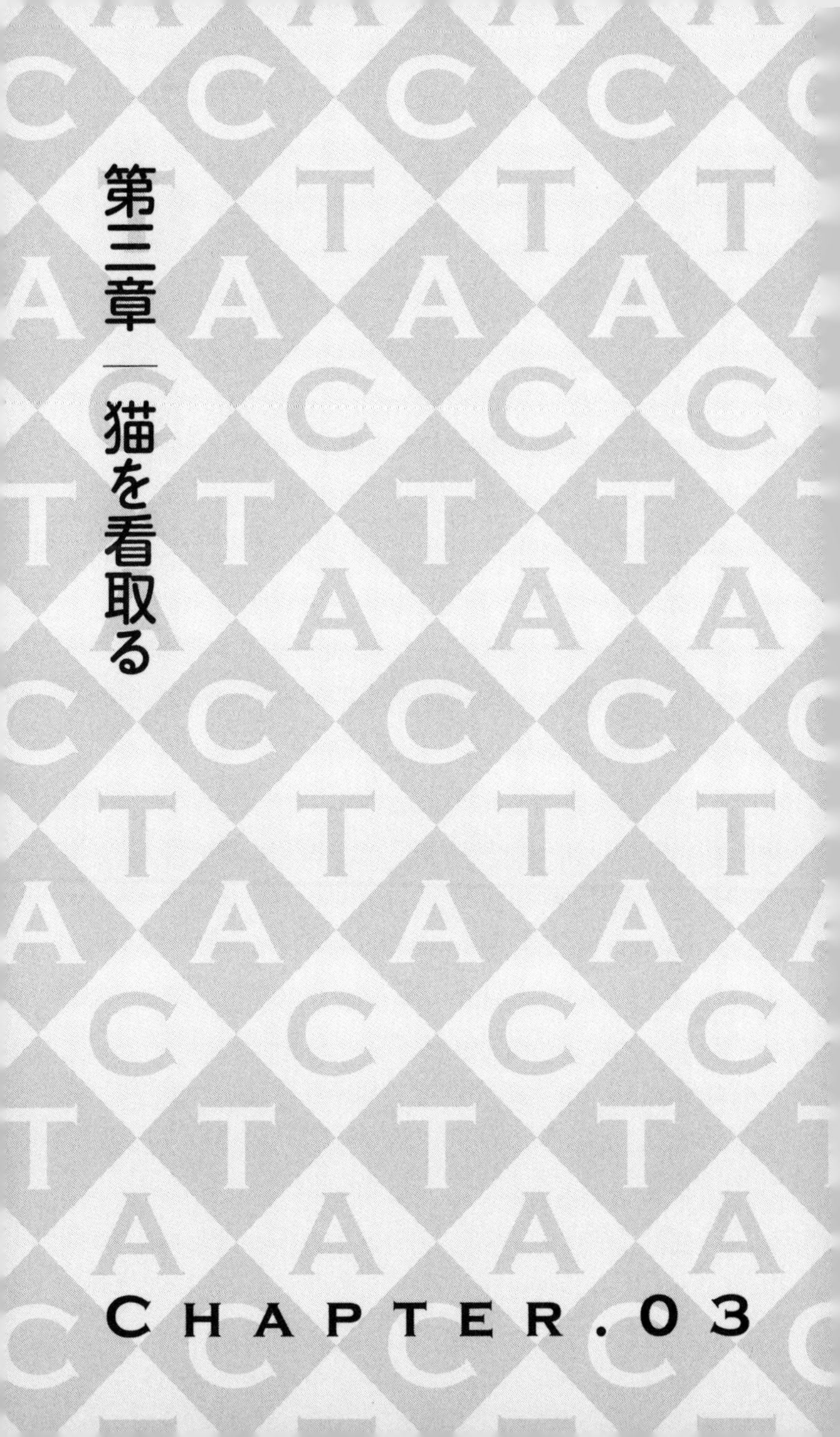

第三章 ― 猫を看取る

CHAPTER.03

猫は寿命を悟ると姿を消す？

飼い猫の姿が急に見えなくなって、もしかして……と思った、という話を聞いたことがありませんか？

「猫は死期を悟ると姿を消す」「年をとった猫は木曾の御嶽山に修行に行く」といった迷信めいた言葉を聞いたことがある方もいるかもしれません。これは事実、とは言い難いのですが、静かで人のいない場所に行こうとすることが多いのは確かです。

昔、まだペットが室内より庭などの屋外で飼われることが多かったり、家と外の行き来を自由にしていたりといった時代には、人目につかない屋外へ出て静かな場所で休養し、そのまま帰れなくなってしまったこともあるでしょう。元気に回復すれば家に戻ってきますので、帰ってこなかった猫は……ということになります。

このことから考えても、猫は死ぬために姿を隠すというより、具合が悪くなったら何をさておいても安静にするために人目につかない場所を探して、じっと動かない、が正解のようです。実際、ライオンなどの猫科の大きな動物も、傷ついたり病んだ場合は捕食活動を止め、外敵の居ない場所でひたすら休んで回復にだけ努めるといった話を聞きます。

動物病院と獣医を選ぶ

猫を飼い始めるときに主治医を持つことが一番のおすすめだと冒頭から言い続けていますが、老後、そして最期を看取るときには、緊急対応や夜間の対応も必要な場合があります。家を離れている間、猫を看ていてくれる家族が一緒に暮らしている方はよいのですが、老若男女ともに独居の飼い主さんにとっては頻繁に通院時間をとることが難しいこともあります。かかりつけの獣医と、入院施設などがあり緊急対応できる動物病院があるかどうかを、自分が通える地域で確認しておくことも大切です。

また後に触れますが、最期のときまでちゃんとケアしてあげられたという納得が、ペットロスを回避するうえで重要になることもあります。無理を押して介護生活をしなければならないというわけではありません。大切な家族に、自分がしてあげられることは何かをよく考えて、わからないことは獣医などの動物のプロに相談し、来る(きた)べきときのために心の備えをしていきましょう。

老衰や病にかかった猫と、たった一人で対峙し続けるのは、とてもつらいことです。自分がどうしてあげたいか、一番長く猫を見てきた飼い主さんが「この子はきっとこうしてほしいだろう」と思うことを、第三者に話すだけでも心は軽くなります。治療方針や看取る場所についても、遠慮なく相談し、納得して進むようにしましょう。

頼れる獣医の見つけ方

繰り返して言いますが、動物を家で飼ううえで、とくに猫の場合は獣医さんとの関わりが非常に大切になります。そして、飼い主さんには、体力・精神・費用のどの面でも背負いきれないほど重い負担を抱えることは絶対に避けて欲しいと思います。

これから長く付き合っていくことになる獣医を選ぶときに確認しておいて欲しいのが、以下の3点です。

①通院・面会のことを考え、家の近所の病院であること
②医療費や急患対応など、なんでも相談できる獣医かどうか
③獣医の知識と技術に応じた設備がそろっているかどうか

①は、言わずもがなですが、毎年のワクチン注射や定期的な健康診断、病気になった時などにすぐ行けるのが理想的だからです。飼い主さんの体力的な負担が軽減されるでしょう。

②は、「こんなことを尋ねるのはおかしいかな？」と思ってしまうことでも、遠慮せずに訊ける間柄になれるかどうかです。飼っている猫が最近少し太ってきたとか、高齢になってきたので今から準備するべきことは何か？　など、日常で疑問に思ったことは自己判断せずに、専門家に訊いた方が安全ですし、飼い主さんの安心材料になるからです。

③の「設備」とは具体的には、手術、レントゲンやCT、入院などの「もしもの時」に必要になってくる物のことです。

ただし、これが完備されていない病院はやめた方がいい、というわけではありません。このような設備は、敷地の広さや厚い壁が必須なものもあり、都心の町中ではなかなか設置できない場合もあります。かかりつけの獣医が夜間や緊急の対応はできなかったり、手術設備がなかったりといったときには、どこかほかの動物病院を見つけるという手もあります。

また、最近では高価な設備をたくさん持っている病院もありますが、その獣医師が行う治療に必要なものがそろっているかが問題になります。獣医の間にはネットワークがありますので、日々の診察は近所に、もしもの時は設備が整った遠方にと使い分けて考えることも問題ありません。人間と一緒で、ホームドクターと重病の時に頼る先が別でもいいのです。峰動物病院でも、場合によっては東大附属動物医療センターをご紹介しています。

飼い主さんは、長年お世話になっている先生に不義理では……と考えてしまいがちかもしれませんが、長い付き合いならばなおさら、飼い主さんがペットを大事に思っている心情も、ペットの既往歴についても詳しく理解しているはずです。だからこその「②なんでも相談できる獣医かどうか」――他の獣医にも診せたい気持ちを、きちんと伝えられる獣医を選ぶことが大切になるのです。何よりも猫の命を優先する選択をしてください。

最期をどう迎えるか

最期——つまり猫が息を引き取る瞬間をどこで迎えさせてあげるのか。自宅か病院かは飼い主の選択です。

老衰や病で臨終を迎える少し前から、意識がない状態が続いたり、呼吸が変則的になったりします。これはお別れが間近にせまっているサインです。とても静かなので、容態が安定しているようにも見えることがあります。

また、人間の病の「寛解期（かんかいき）」のように、一時的に回復したようになり、意思の疎通ができたり、しっかりと目を開けている姿を目にしたりするときがあります。

猫それぞれの体力や個性にもよりますが、体験談を聞く限り、良い時と悪い時をゆっくり繰り返す子が多いようです。時間が許すのならば、その行きつ戻りつする時間を一緒に過ごしてあげられたらどんなに良いことかと思いますが、働いている人、一人暮らしの人のすべてがそうできるとは限りません。

自分がずっと一緒にいることができないなら、信頼できる獣医に任せて入院させる、家族と一緒に暮らしているならば留守の間は見ていてくれるようお願いするなど、自分がどうしてもできないことを無理やりする必要はないのです。

自宅と医療機関、どのような選択もペットを思っての決断ならば間違ってはいません。たとえ、病院に預けている間に衰弱が進んでしまい、最期に立ち会うことができずに獣医さんに看取られたとしても、決して薄情なことをしたと思ってはいけません。自分ができる範囲のことを精いっぱいやりきってください。

安楽死、という選択肢

老衰の場合と違い、完治が難しい病気にかかってしまったとき、非常に厳しい選択を迫られる場合があります。

「これはすぐに病院に連れて行かなければ！」と思わせるような深刻な症状がすでに出ているということは、その時点で治療は難しかったり、長期にわたる療養が必要な病気を発症したりしているのかもしれません。病院に連れて行く道すがら、そのような漠然とした覚悟は生まれるかもしれませんが、実際に検査結果が悪かった場合に受ける衝撃は、その予想をはるかに上回っているものです。

とくに完治困難と診断される病は次のとおりです。

●猫免疫不全ウイルス感染症（猫エイズ）
●猫白血病ウイルス感染症
●猫伝染性腹膜炎
●慢性腎不全
●癌などの悪性腫瘍
※それぞれに伴う胸水・腹水による呼吸器圧迫、呼吸不全があります。

3つ目までの病名は、猫を飼い始めるときに検査すべき項目として詳しくお話ししました。さらに2つの病を挙げています。が、残念なことに、これらの病気は発症したら完全治癒やその後の生存は見込めません。

このような場合、選択肢のひとつに「安楽死」という可能性が生まれます。

安楽死は、飼い主さんだけでなく獣医側でも賛否が分かれているのが現状です。

当然のことですが、猫は人間と違い、自分がどうしたいかを言葉で伝えることができないので、わからないながらもある程度まで猫の気持ちを思いやったうえで、飼い主さんと獣医が決断をすることになります。

安楽死は、請け負ってくれる獣医と相談のうえで日時を取り決め、投薬によって行われるのが一般的な方法です。

他国に比べ、日本では安楽死よりも最後まで自宅で過ごさせて看取ることを選択する方が多いという調査もあります。もし、飼い主さんが少しでも迷うのであれば、「安楽死」という方法は選択しない方が良いと思います。ペットとの暮らしをどう締めくくるのかは飼い主さんの選択にゆだねられているとはいえ、少しでも迷いがある選択をしてしまうと、後悔から罪悪感を抱えることになるからです。

非常に厳しい現実ですが、猫の苦しみの他にも、飼い主さんが負担しなければならない長期治療のための時間的・金銭的な圧迫と、体力・精神的負担はかなりかかってきます。決して性急に選んでいい方法ではありませんが、もしもこの選択をとったとしても、飼い主さんが罪悪感で押しつぶされるようなことはあってはなりません。充分に考え、調べ、家族や獣医に相談したうえでの選択であれば、他者に非難されるべきことではないのです。

ただし、この方法を選ぶのであれば、その場に立ち合い、最期を見届ける意志はぜひ持ってもらいたいと思います。

つらくて見ていられない、という人もいるでしょう。しかし、一番つらいのは、不治の病にかかってしまった猫の方です。もしこの方法を選んだのであれば、処置を目の前で直視することができなかったとしても、当日は病院に駆けつけることだけは、必ずしてほしいと願っています。

たとえ大切な猫が、飼い主さんの意にそまない最期を迎えたとしても、最期を見届けること、その責任を果たした人は飼い猫の命にきちんと向き合った人だと思います。ご自身が納得できる方法をとれたことによって、後悔は軽減されるでしょう。過剰な罪悪感を抱かなくても済むのではないかと考えます。人間の治療でも賛否が分かれる「安楽死」です。病院の方針や担当してくれる獣医個人の信条でもそれぞれに違った考えを持っているのは当たり前のことです。反対派の方も当然います。

命の最期に関わる治療方針は、飼い主自身の気持ち、同居している家族があればその人たちとの相談、獣医とのコンセンサスと、たくさん悩んでたくさん相談し、最終的に飼い主が決断する、というステップを必ず踏んで下さい。

猫とのお別れ

最期のときを迎えた猫をどう弔うか。

実は、「このようにやらなければいけない！」という明確な決まり、法律はありません。

最期まで連れ添うことができた猫は、飼い主にとってはすでに家族の一員、子供のような存在になっていることでしょう。人間と猫の年齢感覚については先に話しましたが、老猫の実年齢がどうであれ、それでも飼い主にとっては庇護してきた子供に近い感覚だと思います。先立たれてしまったような喪失感はぬぐえない人がほとんどです。

なかなかご遺体を手放しがたい心情は重々察せられます。

自宅で最期を迎えた場合でも、病院で看取られた場合でも、弔いの前に一度自宅で見送る準備をします。病院できれいに準備をしてくれるところもありますが、自分でする場合には、猫の体長に合わせた箱を用意して、新聞紙を敷いた上に保冷剤を十分に入れ、さらにその上にトイレ用シートを敷き、ご遺体を安置します。愛用のブランケットや好きだったフード、お気に入りのおもちゃ、お花などを一緒に入れてあげて、弔うまでの時間を過ごしましょう。

人間の場合と同様に、お葬式、お通夜をしてあげるのもかまいません。感染リスクのある病が死因でない場合は、亡くなった当日は生前と同じように添い寝することもいいでしょう。

しかし、人間の最期に際して病院や葬儀会社がしてくれるような処置、いわゆるエンジェルケアをしてくれる病院は稀(まれ)です。季節によって多少の長短があるにせよ、保冷剤やドライアイスを使用しても、一緒に過ごせるのは2日間が限度だと覚えておきましょう。

いよいよ、最後のお別れを終えたら、ご遺体の葬り方を決めます。

日本の法律では、こうしなければならないという明確な規定はありませんが、火葬か土葬かが考えられます。

火葬の場合次のような選択ができます。

●ペット霊園に連れて行く（お経をあげて、火葬してくれる霊園もあります）
●動物霊園が併設されているお寺に連れて行く
●ペット霊園などが運営する移動式火葬車を手配する（霊園が近くにない場合、近所に来てもらうことができます。全国で行っているサービスではありません。民間業者などによるもの

で、インターネットや地域情報誌で詳細を確認してください）

●自治体に依頼する

それぞれ依頼する先によって手数料・作業料などが必要です。霊園に依頼する場合、骨壺なども含めて1万～3万円程度の予算で弔ってもらうことができますし、予約などがなくても当日対応してくれるものもあります（待ち時間などは充分確保してください）。施設・自治体によってまちまちなので、選ぶ際に問い合わせてみてください。

一軒家にお住まいの場合や、畑などの埋葬できる私有地を所有している場合は、土葬することもできます。

その場合は、50センチ以上の深さに埋葬することが必須となりますが、ご遺体を埋葬し土に還してあげることもひとつの考え方です。ただし、これは私有地に限定してゆるされている方法ですので、自然に還すことを望んでいたとしても、公園や河原など公共の土地には埋葬することができません。

また、先に述べた火葬の場合でも、後になってからお骨を埋葬することも可能です。火葬した場合は骨壺に入れてもらえますので、しばらくはお骨を手元に置いておき、気持ちに区切りがついた時点で埋葬したり、ペット霊園に納骨したりといった選択肢もあります。すぐに手放さなければならない、という決まりはありません。

最近はペット用の簡易仏壇や、数個の骨を分骨して入れておくロケット式のペンダントもありますし、遺った毛でジュエリーを作ることまでできます。お骨の一部をずっと身近に置いて、時々思い出してあげるのもよいでしょう。

まだ一部の話ですが、最近では飼い主さんが亡くなられた時に一緒のお墓に納骨することを許している霊園や、飼い主さんのお骨とともに散骨することを許している自治体もでてきました。ただし、全国どこでも許可されているものではありませんので、必ず各自治体への問い合わせが必要です。

繰り返しますが、現在、猫について「死後はこうしなければならない」という明確な規定はありません。弔う方法も多様化しています。

飼い主が納得し、悲しみを乗り越えていくために最善だと思える方法をとって下さい。それが一番のペットロス回避方法にもなるのです。

葬儀の具体例——深大寺動物霊園の場合

動物霊園が併設されている寺院での葬儀の例として、1962年から運営されている、東京都調布市にある深大寺動物霊園（世界動物友の会運営）での葬儀および納骨の例を挙げておきます。

都心から車で30分ほどで行けるので、東京近郊に住んでいる飼い主さんの利用も多いです。無料の送迎サービスもあります。年中無休で、午前7時から午後7時の間であれば予約なし（最終の火入れを依頼する場合は要予約）でも火葬を依頼することができます。葬儀の方法は、以下の3種類から選択できます。

●**個別立会火葬**（家族全員で火入れから納骨までを行うことができる個別葬儀）

●**個別一任火葬**（火入れから納骨までを担当者に一任し、個別で行う葬儀）

●**合同火葬**（他の家族のペットとともに火入れする。そのため返骨、個別納骨はできない）

火入れの際、愛用の毛布やバスタオルを炉床に敷き、生花や好物だったフードなどを一緒に納めることができます（葬儀場で花や猫のフードなどを販売しているので、そこで購入することも可能です）。個別立会い葬儀の場合は飼い主の手でご遺体を炉床に安置することができるので、最後までペットに触れることができます。

火葬している間、飼い主は動物霊園内の休憩所で待ちます。その間、祭壇に遺影を祀ってもらえるので、元気な頃の写真（印刷した物）を持参しましょう。

火入れが終わり、骨を拾って骨壺に納める際、一部を分骨してもらうことも可能です。小さなロケット式の容器（ペンダントなどの入れ物）もあるので、希望する場合は受付時に分骨したい旨を伝えておきましょう。

深大寺動物霊園には、個別納骨できる霊座（骨壺や写真などを納める賃貸ロッカー式のスペース）や合同納骨堂（合同葬儀をしたペットたちの遺骨を祀っている。年2回のお焚き上げを行っている）があり、人間の墓所と同様、お参りすることができます。

もちろん、火葬した当日に納骨する必要はありません。骨壺を持ち帰り、しばらく手元に置いておくことも可能です。自分の気持ちと相談し、良いタイミングで納骨を検討してみるのも選択肢です。

火葬の際にペットに持たせる食べ物や花のほかに、位牌や祭壇、御鈴などの販売もしています。利用した人によると、深大寺での葬儀は非常に丁寧な扱いで、武蔵野の緑が多い環境も心の慰めになったと話しています。

関東近辺には大田区大森（東京都）や大宮（埼玉県）、船橋（千葉県）などにもこういった形の動物霊園があります。飼い主さんのお住まいから行きやすい場所を検索して選ぶのが良いでしょう。

これはあくまでも一例です。ペットを弔う方法は、人間の葬儀と違って飼い主が選ぶことが可能です。

深大寺動物霊園　問い合わせ先

住　所／〒182-0017　東京都調布市
深大寺元町5-11-3(深大寺境内)
電　話／0120-21-5940(フリーダイヤル)
ホームページ／http://www.musashinokk.co.jp/tomonokai/index.html

ペットロス

80年余りの人生のなかで、猫を飼う方、飼ったことがある方は、「看取り」を必ず経験しなければなりません。猫の寿命がどう頑張っても20年前後である以上、出会いの喜びとお別れの哀しみは表裏一体です。まだお別れの経験がない方もいらっしゃるかと思いますが、猫は（猫だけでなくペット全般にいえることですが）、いつまでも家族の末っ子、もしくは自分の子どものような認識で共に暮らしていますので、どうしても一番幼い兄弟や子どもに先立たれたような、命の短さに対する理不尽な感覚に襲われます。

また、温かな毛皮や体温の小動物ですので、ふとしたときに気づく不在感ははなはだしいものですし、玄関へのお出迎えの習慣があった子を飼われていた方などは、毎日帰宅するたびに、日常生活の中からいなくなってしまった事実を突きつけられるような気分になります。

このような不在に対する堪えがたい寂しさを「ペットロス」と言いますが、残念ながら、「こうすれば絶対にペットロスになりません！」という絶対確実で、いわば特効薬のような方法は確立されていません。

これまでお話ししてきた、「こうすればこれが防げます」「ここに気を付ければリスクが回避できます」といったようには、行動と結果が一対一対応してはいませんし、人間の哀しみという情動については千差万別で、絶対に一括りにはできないことも事実です。

ただ、だからこそ、悲しみ過ぎているという判断もできませんし、何年間次の猫を迎えなければ薄情だと思われないか、といった目安もありません。悲しみとその緩和までの時間は誰が決めるわけでもない。その方法でさえ、個人個人が選ぶものです。

パターン化できるものではありませんが、ペットロスから立ち直った方たちの話を聞くと、新たな猫を家に迎えることで喪失感が埋まった経験をした人はたくさんおられます。

一方で、亡くなったその1匹のことを大切な思い出として、他の猫を飼わずに暮らしていくことも、悪いことというわけではありません。もう看取るのがつらいと考えれば「飼わない」という選択もまたひとつの方法です。それでは寂しいと思うのであれば、次にご紹介する「地域猫」などの自治体や同じ地域の人たちと一緒に猫に関わる生き方をしてみる、というのもひとつの手かもしれません。また、寿命まで生きて自分の手元で看取ることができた人と、不慮の事故や病が原因で、まだまだ先の事と思っていたのに若いうちにお別れを経験した人では「後悔」という一点だけを見れば、その度合が違ってくるでしょう。

たくさんの猫関連本、ペットの飼育本が出版されているなかで、どれを見渡しても「こうするべし」といった決定的な解決方法は、残念ながら見当たりません。しかし、「私の場合はこうだった」「彼女や彼の場合はこうしたらしい」という経験談が参考になることは否定しません。そういった情報や経験談に触れたり、同じく猫好きの方や同じ経験で猫を看取った方と交流することも悲しみの緩和になる場合もあります。その一方で、ひとりで思い出を大事に抱えることも間違ったことではありません。しかし、誰かに話したいのにひとりで抱え込んでしまい鬱々と過ごすのは一番よくない方法です。

最期の日まで一緒に生きること。つらい経験ですがきちんと弔うこと。いつの日か楽しかった日々を思い出して笑顔になれるような関係性を築いておくこと。ペットロスに対する軽減策があるとすれば、それは死に際（ぎわ）に際して急に何かしてあげようとすることではなく、元気で一緒にいられるうちに精いっぱい共に生きること、可愛がること、その存在に励まされたり癒されたりすることなのかもしれません。

コラム

峰動物病院のペットロス率は非常に低い

当医院に来院していたペットの飼い主さんで、看取りの後にペットロスで苦しんだ方はほとんどいません。ほぼゼロと言ってもいいかもしれません。「何故かな?」と考えてみると、医療方針のあり方が挙げられるかもしれないな、と思います。

現在オーストラリアから戻って当医院に勤務している看護師が、とても驚いていたことがあります。それは、医療行為として「安楽死」を行う件数が、日本は圧倒的に少ないことでした。欧米では治る見込みのない病を抱えたペットの飼い主さんが安楽死を選ぶ確率は8割程度。日本はまったく逆で2割程度です。海外ではペットをパートナーとして見る意識が強いので、苦しみが長引くことをかわいそうに思い、その姿を見ているのもしのびない、と考えるのかもしれません。私自身も、安楽死という選択は肯定する立場をとっています。

日本では、飼い主さんが1秒でも長く延命を望むことが多いのに加え、獣医側も「飼い主さんの頑張りに依拠した看取り」、すなわち安楽死には否定的な考えの方が多いよ

COLUMN

うに思います。

先にもあるとおり、性急に判断していい問題とは思っていませんが、どうしても治せない痙攣発作や嘔吐、痛みの症状があり、苦しむ時間を長引かせることしかできない場合には、この選択も間違っていないと思っています。

痙攣を抑えるために麻酔で眠らせて生かしておくことは可能です。嘔吐や痛みには制吐剤や鎮痛剤もあります。しかしそれは医療施設でないと治療できないので、家で一緒に過ごすことは不可能になります。それが、本当の意味で飼い主さんが望む「最期まで一緒に過ごす看取り」かというと、そうではないと思うのです。

ただし、僕の場合は治らない病かどうか、こ

COLUMN

れからどんな症状が出てくるか、という説明とともに、「ここまでは頑張りましょう。でもこの症状が出たら安楽死も考えましょう」とこちらから選択肢を提案するようにしています。飼い主さんが延命させたい気持ちと、ペットが一生懸命に生きようとした事実、どちらも納得するうえで大切なポイントです。確かに、動物の命を預かった責任を果たそうとすることは大切です。しかしペットロスは、その責任が果たせなかったという後悔や命の期限を自分で決めてしまったような罪悪感も原因ではないかと思います。責任感より「納得」が大切なのです。事実、ほとんどの飼い主さんが、ペットを看取って間もなく、次の子を家族に迎えて検診に訪れています。

COLUMN

【症状から疑われる病名一覧】

からだに現れる症状
ヨダレが出る・口臭がある・歯が抜ける・歯茎から出血 ➡ 歯周病
鼻水が出る ➡ 猫白血病ウイルス感染症・猫免疫不全ウイルス感染症
瞳孔の大きさが左右で違う・瞳孔は白濁 ➡ 網膜剥離
尿が赤い・尿が少ない・排尿時に鳴く ➡ 尿路系の疾患
尿が多い ➡ 慢性腎不全・糖尿病・甲状腺機能亢進症・リンパ腫
失禁 ➡ 尿路系の疾患・認知症
皮膚にしこりがある ➡ 乳腺炎・扁平上皮ガン・肥満細胞腫
フケが多い ➡ 甲状腺機能亢進症
かさぶたが治らない ➡ 皮フ疾患
爪が早く伸びる・異常に活発になる ➡ 甲状腺機能亢進症
リンパ節の腫れ ➡ リンパ腫・猫免疫不全ウイルス感染症・猫白血病ウイルス感染症
食欲があるのに痩せる ➡ 糖尿病・甲状腺機能亢進症
何度も食事を催促する ➡ 甲状腺機能亢進症・認知症
食欲がなく痩せる ➡ リンパ腫・猫免疫不全ウイルス感染症・猫伝染性腹膜炎
食欲がないが痩せてはいない ➡ 歯周病・肥満細胞腫・猫白血病ウイルス感染症・猫伝染性腹膜炎
水をたくさん飲む ➡ 慢性腎不全・糖尿病・甲状腺機能亢進症・リンパ腫

行動に表れる症状
足を引きずる・寝てばかりいる ➡ 関節炎
大声で鳴き続ける・徘徊 ➡ 認知症
攻撃的になる ➡ 甲状腺機能亢進症・認知症
過剰な嘔吐 ➡ 肥満細胞腫・リンパ腫・猫伝染性腹膜炎

※以上の症状が出たからといって必ず病気と確定するわけではありません。
症状に気づいたらできるだけ早く動物病院を受診しましょう。

第四章　地域猫との付き合い方と注意点

CHAPTER.04

「地域猫」の取り組みが生まれた背景

「地域猫（ちいきねこ）」という言葉が定着したのはここ数年のことですが、近所のノラ猫とどう違うのか、具体的に理解している人は多くはないと思います。ここでは、その定義や取り組みを紹介しておきましょう。

哀しいことですが、保健所に収容された捨て猫・ノラ猫たちは、一定の期間内保護され、その間に引き取り手が見つからなければ殺処分される、という運命が待っています。

近年、動物愛護の観点から殺処分ゼロを目指した取り組みが各自治体で活発になり、最近では、年間殺処分数ゼロ匹を達成したところもあると報道されています。

猫を飼いたいと思った人がペットショップで買ってくるのではなく、飼い主がいない猫を引き取るという選択肢が増え、定着してきたことは、本書の冒頭で触れた「猫ブーム」が作用した一例だと思います。

この「地域猫」の取り組みは、環境省がガイドラインを出して、各自治体が実行しています。飼い主のいない動物たちの適正譲渡を進め、殺処分件数を減らしていくためには、まずは無尽蔵に繁殖することを抑制する。言わば蛇口の元栓を閉める、つまり、結果的に保健所に収容される猫の数自体を減らす、という発想から始まりました。

環境省が打ち出している収容猫を減らすための方針は、大まかに言うと次の3つが柱になっています。

①飼い猫の不妊去勢手術の指導
②「遺棄＝犯罪」という概念の周知
③飼い主のいない猫対策

①はわかりやすく、繁殖と病気蔓延（まんえん）を抑止するための措置です。飼い猫にも不妊去勢を推奨するのは、たくさんの子猫が生まれた結果、飼いきれなくなって手放す（捨てる）状況に陥らなくて済むように、という意味もあります。

②は、生き物を遺棄するという無責任な行為への抑止力として、捨てる本人になりえる飼い主側に、それは法律違反だと周知させることとともに、周囲の人間が犯罪行為を許さない環境を作ることも含まれているでしょう。

①と②に共通して言えることですが、路地に暮らしているノラ猫は決して自然発生しているわけではなく、誰かが最初の1匹を無責任に捨てたから、そこにいるのです。

動物への不妊去勢手術についてあまり良い印象を持っていない方もいるかもしれません。しかし、ご存じの通り、猫は1回の妊娠でたくさんの子を産みます。不妊去勢手術をしなかったために生まれた子猫たちを飼い切れず、結局その命を粗末にしなければならなくなるのは、最悪の結果です。大切な家族に子供が増えたとき、すべての飼い主がすべての子猫に対して責任を持って育てたり、新たな飼い主を探せたりするのであれば、もちろん不妊去勢処置は必要ないかもしれませんが、それができていない現実がある以上、人間側による一定のコントロールは人間社会で猫を飼うのに必要だという考えに、私も賛同します。

そして、③にとくに関係しているのが、「地域猫」の取り組みです。今現在、飼い主がいない状態に置かれている猫を殺処分させずにどう生かすか。

ノラ猫が地域で問題視される原因は、ゴミを漁るのでゴミ捨て場（地域で定められている集積所）が汚れて地域の美観を損ねること、引きずり出されてしまった生ごみの腐敗臭、庭などの私有地に排せつされること、ノラ猫に寄生しているノミ・ダニなどの害虫が媒介する病気に人が感染する危険性があること、単純にかまった結果ひっかかれたり噛まれたりして怪我を負うこと、などが挙げられます。つまり「地域トラブル」に分類される諸問題です。飼い主がいない猫がそこに存在することが問題というより、ノラ猫が徘徊している結果引き起こされる諸問題が、トラブルや事故のきっかけになっているのです。

地域猫とは、「猫をみんなで可愛がりましょう」というものではありません。餌を与えるにしても無責任に行うのではなく一定のルールのなかで行い、猫の健康状態を守り、野放図に増やさずゆくゆくはノラ猫がいなくなることが、この取り組みの目指すところなのです。

２０１１年に環境省が国民全般に実施した「飼い主のいない猫に関するアンケート」でも、この活動に対して評価する内容の回答をした人が、回答者全体の約80パーセントにのぼり（非常に評価する・約29パーセント、どちらかといえば評価する・約51パーセント）、全国的に一定の理解を得られているように見受けられます。

地域猫とノラ猫の見分け方

地域猫は、不妊去勢手術、ワクチン注射を受けた時に、片耳の先端を少しだけカットされています。ちょうど桜の花びらの先のような切れ込みなので、「桜カット」とも呼ばれています。

もし首輪をしていない猫を見かけても、桜カットが施されている猫は、その地域の方が面倒を見ている子なので、無断で連れ帰ったりしてはいけません。

また、人に世話されている猫なので、一般的なノラ猫よりも人を怖がらず、人なつっこいこともあります。だからといって、気まぐれに人間の食べ物を与えたりしてはいけません。もし、与えた食べ物で体調を崩したり、排せつリズムが変わってしまったり、食べ残しに菌や虫が湧いてしまったりした場合、その後のリスクや面倒を被るのはその世話人になっている方々です。世話をしている地域の人たちのルールがあることを忘れないでください。

地域猫のルール

国の定める法令でルールが決められているわけではないので、一概に言うのがとても難しいのですが、まずは仕組みを知っておきましょう。

地域猫の取り組みは、地域住民、ボランティア（動物愛護団体や個人の保護経験者）、行政の三者が手を組んで行っているものが多く、国が定めたものというわけではありません。取り組みを監督しているのが環境省だと考えてください。

必ず三者協働をとっている理由は、千葉県の報告を見ると明らかです。

●**ボランティアと行政だけ**↓助成金を使うにも地域住民からの理解が得にくく「一部の猫好きが勝手にやっている」と思われてしまう。

●**地域住民と行政だけ**↓猫の捕獲やその後の管理などの具体的なノウハウ・知識が欠ける。

●**地域住民とボランティアだけ**↓地域住民の代表が交代してしまうと活動が停滞する。「事業」としての継続性を担保できない場合がある。

それぞれに、地域的な理解協力、捕獲と飼育のノウハウ、継続性が必要だとわかります。ルールに関しても、法令ではなく環境省のガイドラインを元に、それぞれの自治体が地域に合ったものを実施・運用しています。

例えば、京都市のように、参画者を増やし、「まちねこ活動支援事業」という名称で、地元の獣医師会の協力も得て、市内の地域猫への不妊去勢手術を無料で実施しています。こういった処置がより多くの地域猫に実施できるように積極的に周知活動に取り組んでいる所もあります。

また、新宿区のようにリーフレットを配布したり手術に区からの助成金を活用したりという活発な取り組みをしていても、地域独自のガイドラインは設けていない場合もあります(新宿区の場合は、どうしても猫を助けたい人もどうしても猫は嫌いだという人も、双方を尊重し、お互いが少しずつ譲歩する形を模索しているため、決まり事・規定に相当するものは明文化していないそうです)。

つまり、ひとくちに「地域猫」といっても、そのケアの内容や参画の方法、問い合わせ窓口は、地域によってまちまちなのです。もしこの取り組みに参加協力したいと思ったら、まずはご自身が住んでいる市町村に問い合わせる必要があります。

それぞれの活動団体や個人が動物愛護の観点からだけではなく、地域のトラブル解決のひとつとして取り組んでいるのが、地域猫活動なのです。

「地域猫」推進活動への注意喚起

だいぶメジャーになったこの取り組みに、暗い影を落としていることがひとつあります。

それは、費用の問題です。

先ほど説明した通り、自治体・ボランティア・住民の三者が手を組むことが肝要ですが、「継続」となると、必要なマンパワーや費用は、あくまでも「人の善意」に依拠したものなのです。

例えば、不妊去勢手術にかかる費用は自治体から援助がある場合もあります。しかし、全額か一部かという差があったり、すべての自治体が必ず援助をしてくれているわけではなく、まちまちです。また、地域猫を専門に診ている動物病院もありますが、全国区ではないので、それぞれ近所の獣医に診せることになります。「ペット保険」（65ページ参照）でも触れましたが、動物は自由診療ですから、地域猫への手術や検診、ワクチン注射などの医療的ケアは人間に対してより高いお金がかかります。そのため、取り組みに参画している地域住民のなかでもゆとりのある方が、なんとなく代表する感じでお金を出す役割を担ってしまう傾向があるな、と思っています。

また、活動の継続に付帯してくるのが、３６５日、日に数回必ずフードを与えること。これは、雨の日も雪の日も、猛暑であっても止めることはできません。家で飼おうと、地域で保護しようと、猫は生き物ですから天候や自身の都合で勝手に中止はできないのです。さらに、動物愛護や地域活動に積極的な人は、責任感が強く、比較的裕福な方が多いように見受けられます。私の病院に来ていた地域猫の保護者さんも、活動的で年齢よりも若い印象を受けるような方々がほとんどでしたが、残念ながらだんだんと肉体的・心理的疲労を溜め、ご自身が病気を患う例はとても多いのが現実です。「自宅で面倒を見る自信はないけれどみんなで飼うなら……」という思いから活動に参加する方のなかには、ご自身が高齢の場合も多々あります。

動物の殺処分がゼロになること、捨て猫がいなくなることは、とても良いことに違いありません。しかし獣医の側から見ると、遠くない未来にこの活動は行き詰まる、いえ、今すでに手詰まりになってきているのではないかと危惧（きぐ）を抱いています。

命を守る活動を語るうえでお金の話は憚（はばか）られると日本人は思いがちですが、成果より負担が重くなり続ける活動方法では継続できません。監督官庁、活動参加者を含め、もっと日常生活のなかで自分の自然体で協力できる仕組みが作れるのではないでしょうか。

例えば、ニューヨークの「アニマルメディカルセンター」での保護活動は、40年あまり前から100%の寄付とボランティア人材で運営し、今も問題なく活動しています。獣医のなかでもまだ新人や施術の腕が未熟な人たちが、そこで賃金を得ずに治療をする代わりに腕を磨く機会ととらえて参加していることもあります。

獣医でもボランティアでも、命を扱うことは理想だけでは成し得ません。シビアな現実を知ったうえでの活動参加を求めてやみません。また、監督官庁にも、今のガイドラインよりも徹底した基準を設けることを望みます。

看取られない猫が減るように

「地域猫」の概要は以上の通りですが、そもそも、どうして「地域猫」について知って欲しいと思ったかというと、ノラのまま生きていく猫たちがいるということは、誰にも看取られずに亡くなる猫、突然の事故に見舞われたり病気になったりしてもケアされない猫がいる、ということなのです。

一貫して繰り返していますが、猫を家族にするということは、責任を持って最期を看取ることで、そこまでが「飼う」ということです。気まぐれに可愛がって、元気な時だけ一緒に暮らすことではありません。ただ、責任を果たさなかった誰かのために、多くのノラ猫をたったひとりで面倒を見ようとするのは無理があります。そんな時に、地域の中で同じ考えを持つ方々と協力する手もあること、自分ができる範囲で看取られない猫を減らす方法もあることを知って欲しいと思います。

ただし、先ほども述べましたが、この活動に参加する人間の側に偏った負担がかかるようなやり方は正しいとは言えません。責任感の強い人ほど義務感に押しつぶされてしまったり、ご自身の私生活が犠牲になる傾向があります。そうならないための対策までを考えたうえで参画してほしいと思います。疲弊した状態では動物の命に責任を持つことはできないからです。

また、ペットロスを和らげるという側面からも、もしあなたが、可愛い飼い猫を喪った経験があり、まだ新たな猫を家に迎えるのは気が引けている（でも、また飼いたい気持ちはある）という場合、このような取り組みに参加して、再び触れ合う機会を作ってみるのもひとつの方法ではないでしょうか。

第五章 災害時、猫をどう守るか

CHAPTER. 05

飼い主さんが今できること

2011年3月11日に発生した東日本大震災、2016年4月14日の熊本地震を筆頭に、ここ数年を見ただけでも日本は全国にわたって頻繁に大きな自然災害に見舞われています。震災だけではなく、毎年大型台風やゲリラ豪雨による水害で避難せざるを得ない状況も発生したり、夏には記録的な熱波で最高気温記録を更新して、動物たちの熱中症に注意喚起もされたりしています。人々が避難する模様を写したニュース映像でも、動物が救助されている様子や、奇跡的に生還して飼い主と再会するシーンを目にしたことがあるかと思います。

激甚災害に見舞われても避難所への動物同伴が許されない場合、せめて飢えさせないために開封した餌袋を地面に倒しただけで、泣く泣く家に残してきた方の体験も聞いたことがあります。

飼い主である人間自体が家やそれまでの生活を失い、なかには家族を喪って混乱のさなかにいる以上、これを責めることは絶対に誰にもできません。

このような状態に陥る可能性は考えたくもないというのが本音ですが、日頃から、そういった緊急事態に際して、どうやってペットの安全を確保するか、どう逃げるかは、飼い主として考えておかなければならない課題となりました。

まずは、飼い主さんが自分や家族のために備蓄している水や食料とともに、猫のフードも用意しておくこと。そういった準備がなく被災して、飼い主さんの日常生活もままならなくなった場合、猫用のフードを新たに手に入れることは困難になるでしょうし、代替として人間の食事を分け与えることは仕方ないにしても、塩分や食べてはいけない成分の有無が確認できないので、長期的に与えることは好ましくはありません。

猫は環境の変化にストレスを感じやすい動物なので、ただでさえ疲弊しているところに高い塩分の食事を与えて、病気のきっかけを作るのは避けたいところです。

また、いつ何時（なんどき）起こるかわからない災害に対して、一番無防備なのが睡眠時です。

愛猫と一緒に眠ることで、きずなも深まりますし、猫が飼い主さんの元に一緒に寝に来るのは信頼の証でもあります。何より、自分のそばで安心して眠っている可愛らしい姿を間近で見られることは、飼い主さんにとって喜びでもあります。が、もし万が一、上から物が落ちてきた場合や、床に割れたガラスなどが散乱した場合、飼い猫に深刻な怪我を負わせてしまう可能性もあります。

飼い主にとっては少し寂しいことではありますが、天井のあるケージのなかで寝かせていれば、落下物の直撃から守ることができますし、怯(おび)えて物陰に隠れてしまったために安否がわからなくなったり、一緒に避難できなくなったりという事故は防げます。

ペット防災学

日本動物虐待防止協会は、災害時のペットの避難や防災のための知識を普及させるために、ペット防災学という名前を浸透させようと取り組んでいるそうです。具体的に気を付けたいことはどんなことか、日頃から何を準備しておけば良いのか、とくに個人的にできることをお知らせしておきます。

●マイクロチップの装着

●保護用鑑札と名札の装着

●防災バンダナの用意
●避難トレーニングをしておく
●飼い主さんと飼い猫の関係性がわかる「証明書」を作っておく
●日頃のフードの量や好んで食べる種類をメモしておく
●飼い主さんが、緊急時のペットの救命措置方法を知っておく
●居住地域の広域避難所はペット同伴可能かを調べておく

マイクロチップや保護用鑑札はご自身で用意することができません。マイクロチップの装着は大掛かりな手術ではなく、注射器のようなもので首の付け根から体内に入れます。ほんの小さな機械で電気信号を出しますので、もしペットの行方がわからなくなってしまったときには携帯電話などで電波をキャッチして居場所を特定できる装置です。定期のワクチン接種の際、一緒に行える医院もあります。私の病院でも請け負っています。近隣の獣医に尋ねてみてください。

保護用鑑札は、とくに犬の場合は狂犬病の予防注射を受けた証明書を保健所に持って行くと交付されます（ただし、登録料がかかる場合があります）。猫の場合はそういったものが

ないので、ご自身で、猫の名前、飼い主さんの名前や住所・電話番号を記した札を作り、首輪に提げておきましょう。

防災用バンダナは、蛍光素材の生地で首に巻けるものを作って身につけさせておくことで、移動するときの事故を防いだり、夜間でも目視での確認がしやすくなります。

また、とくに猫は狭い空間の方が落ち着く傾向があります。後述しますが、ある家の猫も震災直後はクローゼットのなかでひときわ狭くて暗い箪笥の裏の隙間にいました。家から出さなければならない状況では、パニックを起こすことも考えられます。猫用のキャリーケースが安全な場所だと日頃から覚えさせておくことが避

難トレーニングになります。暴れてしまいそうな場合は、大きめの洗濯ネットのなかに入れてからキャリーケースに入れると、安心しておとなしくなる場合もあります。爪が引っかかって痛んでしまわないよう、網の目の細かい洗濯ネットを用意しておくのも良いでしょう。

飼い主さんと猫の関係性がわかる「証明書」は、残念ながら猫が行方不明になってしまったり、一緒に避難所に入れないときボランティアさんなどに預けたりする際に役立ちます。保護用鑑札と同様、猫の名前や飼い主さんの連絡先・住所は必須ですが、その他に猫の体の特徴（これは文字ではなく写真でもいいと思います）や日頃の癖、既往歴やアレルギーの有無などを書いておきましょう。猫と再会できたときに自分が飼い主だと確認してもらえる手段になります。好みのフードのメモも一緒にしておくと良いでしょう。

動物の救命措置も人間にする方法と同じで、基本的には心臓マッサージや人工呼吸を行います。自動車の運転免許をお持ちの方なら、救命講習を受けたことがある方が今はほとんどになっていると思いますが、小動物は人間より小さく力加減が必要です。一度、かかりつけの獣医に聞いておいた方が良いでしょう。

個人ではできないこと、長期にわたる努力が必要なこと

個人の働きかけが必要ではありますが、地域や社会で取り組まなければ解決しないこともあります。震災発生後、問題になったのが、ペット帯同禁止の避難所が多かったことです。熊本地震の時も、ペットとともに車中泊していた方は多く見受けられました。ひとそれぞれに動物の好き嫌いはありますし、大人数が集まる施設では、気持ちとしては受け入れたいけれどアレルギーを持っているために反対せざるを得ないという方もいます。

先に挙げた8個の項目のなかの、「居住地域の広域避難所はペット同伴可能かを調べておく」という項目に関連して、ペット帯同可能な場所をあらかじめ探して見当たらなかった場合、同じ地域の方でペットを飼っている人がいたら、協力して自治体にペットとともに避難できる場所を指定して欲しいと申し入れることから始めても良いかもしれません。

これは、マイクロチップや名札・証明書作りのように一朝一夕でできることではありませんし、たったひとりの力では成し得ないでしょう。理解を得るにはとても時間がかかるかもしれません。人間用の避難用具や備蓄食糧を1年に1度は見直そう、と奨励されている昨今です。それと同時に協力し合える仲間と社会に働きかけることもできないことではありません。やろう、やろうと思いつつ何もしなければ、そんな矢先に震災に見舞われて、今目の前にいる人間ではない家族と離れ離れになってしまうかもしれないのです。

ここでお話ししてきたのは、飼い主さんができる避難の心得でもありますが、自然災害という誰も予期し得ないことが原因で、大切な家族と理不尽な別れをしないために知っておいてほしいことです。

しかし、実際に被災してしまったときには、まず人間が日常生活を取り戻すことが優先されるのも確かです。飼い主さんの生活が安定しなければ、ペットとともに暮らすことはできません。

無理なく自分でできる範囲の備えをして、苦難を乗り越え静かな暮らしに戻ってから、安全で穏やかにペットを看取るまで一緒にいるためには、何も起きていない平時から準備が必要です。これを忘れないでください。

コラム

震災を体験した猫の行動と飼い主さんの心配

東日本大震災の際、東京近郊では震度5程度の揺れでしたが、体感ではその数値以上の揺れだと思った方は多いのではないでしょうか。平日の午後だったので、私は職場にいて、家族のいる実家で飼い猫もあの揺れを体験しました。

家族に安否確認の電話をしたら、家も両親も無事だが猫が見当たらなくなってしまった、という母の声を聞きました。大きな揺れが襲った直後、テーブルの下に隠れようとして抱き上げた母の腕を逃れ、猫は私の部屋の方に飛び込むように逃げて行ったと言います。もし窓が開いていて外に飛び出してしまっていたら……。そう思うと心配でなりませんでした。

私が家に帰りつくことができたのはその翌日のこと。棚板が外れた本棚や落下した本や小物で埋め尽くされた部屋のなかに向かって猫の名前を呼びましたが、反応はありません。壊れた家具を片しながら、物陰やいつも隠れている場所を探しても、どこにもいません。結局、5日間ほど行方不明が続くことになりました。震災発生から丸2日間は

COLUMN

まったく音沙汰がなく、3日後から、出しておいたフードが少し減っているように見えました。その後、定期的に減っていくので、生きているらしいことだけは確認できるようになりました。しかし、怪我でもして動きにくくなっているのではと本当に不安で、日がな一日胸を痛めて過ごしました。結局、猫は少しだけ開いていたクローゼットの扉の隙間からなかに逃げ込み、衣装箪笥の裏側と壁の間にできた狭い隙間に隠れていたようで、だんだんと緊張が解けてきたのか、チラリと顔だけ出しているのを目撃することができるようになりました。が、震災発生から5日が経過し、少しずつ家族に姿を見せるようになってから震災前のような普段通り

COLUMN

の生活に戻るには、さらに1週間を要しました。
やっと一緒に過ごせるようになっても、その後断続的に続く余震のたびに恐慌をきたし、物陰に飛び込んで隠れるようになってしまいました。人間にとっても甚大な被害を被った大災害でしたが、ペットにとっても一種の「トラウマ」になるような非常に衝撃的な出来事だったようです。もしも家がもっと震源地近くだったら……と思うとぞっとしますし、被災地でペットを飼っていた方々の気持ちを思うと本当につらいものがあります。私が少し寂しい思いをしてでも猫の身の安全を優先する、という考え方をしてもいいのではないかな、と実感した体験でした。

COLUMN

HOW TO
TAKE CARE OF
YOUR CAT

おわりに

最後までお読みいただいて、猫にかぎらず生き物と暮らすことには、ずいぶん面倒なことが多いなと感じた方も多いのではないでしょうか。

また、本書のタイトルから、この本を開いて下さった人のなかには、今「看取り」に直面している方もいるのではないでしょうか。その場合、前半に書いてあることは、ご自身の飼っている猫には年齢的にしてあげられないケアになっているかもしれません。

あえて猫を飼い始めるときに知っておくべき心得もお話ししたのは、今直面している看取りを終えられた後、もしもう一度、新たな猫との暮らしを考えられるようになったときに、役にたてれば良いなと思ったからです。

猫とともに暮らすことと看取りは一セット、看取る方法は飼い主さんの選択肢しだい、と本書のすべてにわたって繰り返してきました。しかし、何も知らない状態では、選択肢も何もないじゃないか、というのも個人的な体験を通した実感でもあります。残念ながら、経験したことがある範囲でしか自分で選択肢を生むことはできません。だから、動物のプロである獣医や看取りの先輩経験者に体験を聞いて、選べる道を増やすのです。

今度はあなたが看取りの「先輩経験者」になります。もし初めて猫を家に迎えた友人知人がいたら、口やかましくならない程度に気を付けた方がいいポイントを教えてあげて下さい。きっとその人もいつかは「看取り」を経験します。そのときに知識があれば、無責任に逃げ出したりはしないし、納得のいく選択ができれば悲しむ時間の長さが変わってくるはずです。

いろいろな方の経験をうかがいながら、自分の経験も振り返りつつ本稿を起こすにあたり、思い出すのは自分が飼った猫に対する愛しさや感謝でした。今体験している「看取り」ではできなかったことを次に家に迎える子にはきちんとしてあげたい、という考え方も間違ってはいません。「看取り」を通して向き合った大切な家族の命が、誰かの未来に繋がればいいと願っています。

峰動物病院・院長　沖山峯保

監修者
沖山峯保（おきやま・みねやす）
東京品川区の「峰動物病院」院長。1948年、東京生まれ。北里大学獣医畜産学部 獣医学科卒業。犬猫はもとより、鳥などの小動物へも診療分野を広げている。本書の他『ハムスター・リス・ウサギ飼い方・育て方図鑑』（日本文芸社）の監修を担当。

絵
立原圭子（たちはら・けいこ）
武蔵野美術大学短期大学部美術科卒業。フリーのイラストレーターとして活躍。内田康夫『隅田川殺人事件』『御堂筋殺人事件』ほかのカバーを担当。「哲学者に会いにゆこう」シリーズ（ナカニシヤ出版）など。商業イラストも多数担当。

Kadokawa Haruki Corporation

監修：峰動物病院　沖山峯保
絵：立原圭子

やさしい猫の看取りかた

2017年11月8日第一刷発行

発行者　角川春樹
発行所　株式会社　角川春樹事務所
〒102-0074　東京都千代田区九段南2-1-30　イタリア文化会館ビル
電話03-3263-5881（営業）　03-3263-5247（編集）
印刷・製本　中央精版印刷株式会社
構成企画　加藤摩耶子
装丁・本文デザイン　かがやひろし

定価はカバーに表示してあります。落丁・乱丁はお取り替えいたします。
ISBN978-4-7584-1313-8 C0077
http://www.kadokawaharuki.co.jp/